dtv

»Arbeit ist das halbe Leben«, heißt es, doch was passiert, wenn die Arbeit keinen Spaß macht? Studien zufolge ist die Mehrheit der Berufstätigen in ihrem Job nicht glücklich. Der Erfolgs- und Motivationstrainer Peter F. Kinauer weiß Abhilfe. Er hat praktische Hinweise und Übungen zusammengestellt, die Kreativität und gute Laune fördern und uns unterstützen, den Arbeitsalltag anregender zu gestalten.
Christoph Leitl, Präsident der österreichischen Wirtschaftskammer: »Peter F. Kinauer gibt viele Anregungen und Tipps, die jedem Einzelnen – ob Mitarbeiter oder Führungskraft – dabei helfen, zu einem besseren Betriebsklima beizutragen. Besonders beeindruckt haben mich die erfrischende Sprache, in der das Buch geschrieben ist, und die vielen konkreten Beispiele aus dem Unternehmensalltag.«

Peter F. Kinauer ist Motivationstrainer. Er hält Seminare und Vorträge, außerdem berät er internationale Konzerne und Organisationen. Mehrere Buchveröffentlichungen im Bereich Management und Lebenshilfe. www.kinauer.com

Peter F. Kinauer

So macht Arbeit Spaß

Impulse für mehr Motivation im Job

Deutscher Taschenbuch Verlag

Juni 2009
Deutscher Taschenbuch Verlag GmbH & Co. KG, München
www.dtv.de

Umschlagkonzept: Balk & Brumshagen
Umschlagillustration: Thilo Rothacker
Gesetzt aus der Minion 10/13˙
Gesamtherstellung: Druckerei C. H. Beck, Nördlingen
Gedruckt auf säurefreiem, chlorfrei gebleichtem Papier
Printed in Germany · ISBN 978-3-423-34550-7

Inhalt

Für Eva

Einleitung

Es ist Sonntagabend, 22 Uhr. Mit Schaudern denken viele Menschen daran, dass morgen Montag ist, die neue Woche beginnt und sie schon wieder zur Arbeit müssen.

Montagmorgen, 6:30 Uhr: »Gott sei Dank, es sind nur noch fünf Tage bis zum Wochenende!«, schmettert der Radiomoderator fröhlich in sein Mikrofon. Hunderttausende Hörerinnen und Hörer nicken zustimmend und hoffen inständig, die neue Woche möge möglichst rasch vorübergehen.

Internationale Studien besagen, dass beinahe 90 Prozent der Mitarbeiterinnen und Mitarbeiter in Deutschland wie in Österreich sich dem Unternehmen, für das sie tätig sind, und ihrem Arbeitsplatz gegenüber nicht verpflichtet fühlen. Davon machen 70 Prozent lediglich »Dienst nach Vorschrift« und knapp 20 Prozent sind weder mit der Firma noch mit ihrem Job emotional verbunden (Gallup). Eine bedrückende Tatsache. Eine andere Untersuchung weist nach, dass der deutschen Wirtschaft pro Jahr durch unmotivierte Mitarbeiterinnen und Mitarbeiter etwa 50 Milliarden Euro verloren gehen (Uni Köln). Bezieht man dieses Ergebnis auf Österreich, so kommt man auf einen Verlust von rund vier Milliarden Euro jährlich.

Langeweile und Unmotiviertheit scheinen also zur Todesursache Nummer eins für Unternehmen zu werden. Es ist logisch, dass wir anderswo an Bord gehen, wenn Arbeit keinen Spaß mehr macht, wir keinen Freiraum mehr haben, keine Verantwortung übernehmen dürfen und wenn neue Ideen nicht mehr gefragt sind.

Aber warum finden wir immer weniger Gefallen an unserem Job? Liegt es daran, dass es der falsche Beruf ist? Oder ist es der Druck, den unsere Chefs verstärkt ausüben, anstatt uns zu motivieren? Sind es vielleicht die Kolleginnen und Kollegen, die nie lächeln und denen niemals ein Scherz über die Lippen geht? Oder liegt es daran, dass wir die Unternehmensziele nicht kennen und gar nicht wissen, wofür wir arbeiten und was die Geschäftsführung überhaupt erreichen will? Oder haben wir Angst um unseren Arbeitsplatz, weil wir gehört haben, dass schon wieder rationalisiert werden soll? Ist Arbeit sogar entsprechend dem alten Sprichwort »Erst die Arbeit, dann das Vergnügen!« mittlerweile eine Art Strafe?

Natürlich gibt es viele Menschen, denen ihr Job viel Freude macht. Einige blicken abends auf die Uhr und stellen überrascht fest, dass die Zeit wieder einmal wie im Fluge vergangen ist. Wer gerne arbeitet, schaut nicht auf die Uhr. Dabei wissen wir, dass Spaß und Freude sich auf andere Menschen genauso übertragen wie Missmut und Griesgrämigkeit. Dies trifft auf die Familie ebenso zu wie auf den Kollegenkreis. Ein unzufriedener, schlecht gelaunter Vater kann die Harmonie innerhalb einer Familie genauso zerstören wie eine schlecht gelaunte Mitarbeiterin oder ein grantiger Vorgesetzter die Arbeitsfreude und das gute Betriebsklima auf den Nullpunkt bringen kann.

Aber nehmen wir uns ein Beispiel an unseren Kindern, denen es gelingt, während sie lernen Musik zu hören oder zu singen. Für sie ist es ganz normal, zwei Dinge gleichzeitig zu tun und dabei Spaß mit Sinnvollem zu verbinden. Viele Eltern verstehen nicht, dass ihre Kinder beim Lernen Freude und Glück empfinden. Sie haben verinnerlicht, dass Arbeit keinen Spaß machen darf: »Positive Gefühle und die Ausübung eines Jobs schließen einander aus!«

Im Arbeitsalltag erleben wir aber immer wieder, dass genau die Menschen erfolgreich sind, die besonders viel Freude und Gefallen an ihrer Arbeit finden. Spaß bei der Arbeit ist somit einer der wichtigsten Faktoren – wenn nicht sogar der wichtigste –, der sowohl für den persönlichen Erfolg als auch für den eines Unternehmens unabdingbar ist. Denn nicht nur Kreativität und Produktivität werden gesteigert, sondern vor allem auch die Arbeitsmoral und die Zufriedenheit der Mitarbeiter. Hingegen nimmt die Zahl der Krankenstände deutlich ab. Dass auch andere Aspekte wie etwa die Zufriedenheit der Kunden positiv beeinflusst werden, muss ich hier nicht extra erwähnen. Wer zieht es nicht vor, bei gut gelaunten Mitarbeitern zu kaufen als bei Leuten, bei denen man ständig das Gefühl hat zu stören?

Ich konfrontiere Sie in diesem Buch nicht mit wissenschaftlichen Untersuchungen, die versuchen zu begründen, warum wir so ungern zur Arbeit gehen, denn wir wissen längst: Es sind die Menschen, die Produkte und Dienstleistungen wirklich begehrenswert machen und die ein Unternehmen auf Erfolgskurs bringen.

Daher lege ich Ihnen in diesem Buch Tipps und Übungen ans Herz, die Ihnen helfen, Ihren Arbeitsalltag gut gelaunt und fröhlich zu meistern und spannend und erfolgreich zu gestalten. Das haben Sie sich nämlich redlich verdient! Denn schließlich verbringen Sie die meiste Zeit Ihres Lebens an Ihrem Arbeitsplatz mit Ihren Kolleginnen und Kollegen.

Ich wünsche Ihnen viel Spaß beim Lesen dieses Buches und viel Erfolg beim Umsetzen und Ausprobieren der Tipps!

Ihr
Peter F. Kinauer

P. S.: Wenn ich die Worte Mitarbeiter, Kollege, Angestellter oder Kunde verwende, meine ich damit selbstverständlich auch Mitarbeiterinnen, Kolleginnen, Angestellte und Kundinnen!

01

Lächle, und die Welt lächelt zurück

Wie geht es Ihnen heute? Gut? Sehr gut? Mittelmäßig? Schlecht? Miserabel? Oder hundsmiserabel? Millionen von Menschen verlassen jeden Morgen schlecht gelaunt das Haus, bringen einen nicht sehr aufbauenden Arbeitstag hinter sich und kehren am Abend noch schlechter gelaunt zurück.

Es ist ein Teufelskreis, in dem sich viele Menschen befinden, jeden Tag dieselbe Tretmühle. Wen wundert's, dass so mancher sich bereits am Sonntagabend auf das kommende Wochenende freut? Kommt Ihnen das etwa bekannt vor? Dann ist es höchste Zeit, dass Sie den ersten Schritt zur Verbesserung Ihrer Motivation in Angriff nehmen.

»Lache dich gesund!« ist der Slogan von Clowns, die in Krankenhäusern insbesondere mit schwer kranken Kindern arbeiten. Lächeln und Lachen haben auf alle Menschen und ihr Immunsystem eine positive Wirkung. Von daher liegt es auf der Hand, dass sie Heilungsprozesse fördern und unterstützen.

Einige Fakten übers Lächeln und Lachen:

- Durch Lächeln oder Lachen werden in unserem Gehirn Endorphine, sogenannte Glückshormone, ausgeschüttet. Dadurch sind wir emotional besser drauf.
- Frauen lächeln im Durchschnitt acht Mal häufiger als Männer. Interessant, dass sie im Durchschnitt auch acht Jahre länger leben als Männer. Ein Jahr also für jedes Lächeln!

- Lächeln ist der Schlüssel zu Offenheit und Akzeptanz. Wer lächelt, den mag man und dem vertraut man eher.
- Ihr Lächeln kann man hören! Ihr Gesprächspartner muss Sie nicht sehen, um zu wissen, ob Sie lächeln oder nicht. Deshalb sollten Sie auch lächeln, wenn Sie telefonieren.
- Wenn Ihre Mitarbeiter lächeln, erhöht sich der Erfolg des Unternehmens ganz automatisch.

Das sollten Sie tun:

Stellen Sie sich jeden Morgen vor dem Weg zur Arbeit vor den Spiegel, lächeln Sie Ihr Gegenüber herzlich an und sagen Sie ihm, dass heute ein ganz besonders schöner Tag darauf wartet, erobert zu werden.

Betreten Sie Ihren Arbeitsplatz ab sofort mit einem fröhlichen Lächeln auf den Lippen und schmettern Sie anschließend Ihren Kolleginnen und Kollegen, Vorgesetzten und Mitarbeitern ein fröhliches »Einen wunderschönen guten Morgen!« entgegen.

Lächeln Sie auch, bevor Sie den Telefonhörer abnehmen, denn Ihr Lächeln kann man hören! Und wenn Sie im Verkauf arbeiten, lächeln Sie Ihre Kunden an. Sollten Sie im Krankenhaus arbeiten, schenken Sie Ihren Patienten ein fröhliches Lächeln. Betritt jemand Ihr Büro, lächeln Sie ihn an. Lächeln Sie die Menschen auf der Straße an, die an Ihnen vorübergehen. Denn es ist Ihr Lächeln, mit dem Sie den Menschen, denen Sie begegnen, zu einem guten Tag verhelfen.

Gelingt es Ihnen, Ihr Lächeln zu einem festen Bestandteil Ihres Wesens zu machen, so werden Sie feststellen, dass die Welt zurückläche lt! Kleinkinder lächeln mehr als 150-mal am Tag, wir Erwachsenen hingegen maximal 15-mal. Durch Lächeln und Lachen werden Glückshormone ausgeschüttet, von daher sollten Sie insbesondere dann lächeln, wenn es Ihnen einmal nicht so gut geht. Die Glückshormone kommen dann ganz automatisch zum Einsatz und es geht Ihnen im Handumdrehen besser. Außerdem: Für ein Lächeln benötigen Sie nur etwa zehn Muskeln, für einen mürrischen Gesichtsausdruck dagegen ungefähr hundert. Warum sollten Sie sich also weiterhin überanstrengen?

Vergessen Sie nicht, sich im Spiegel anzulächeln, wenn Sie abends nach Hause kommen! Und lachen Sie hin und wieder auch mal über sich selbst. Anlässe gibt es genügend wie beispielsweise Ihre Frisur, ein Versprecher oder ein Missgeschick, das Ihnen gerade eben passiert ist. Das macht Sie für andere sympathisch und vor allem menschlicher!

Achtsamkeit für ein gutes Miteinander 02

Es kommt vor, dass ein Mensch von Zeit zu Zeit sehr unglücklich ist. Dies kann verschiedene Ursachen haben: Vielleicht ist jemand, den man sehr liebt, schwer erkrankt. Man kann ihm nicht helfen und muss hilflos mit ansehen, wie die Kräfte langsam schwinden. Es kann aber auch sein, dass man selbst erkrankt und fest davon überzeugt ist, nicht wieder gesund zu werden. Ein anderer Grund könnte die Trennung vom einstmals geliebten Partner sein und man kommt mit der »Neuorientierung« nicht zurecht und leidet darunter wie ein Hund. Oder aber man fühlt sich in der neuen Abteilung nicht wirklich aufgenommen und ist unglücklich und unmotiviert. Die Liste der Beispiele ließe sich beinahe endlos fortsetzen.

Befindet man sich in einer schweren Lebenskrise, ist es nicht einfach, 100 Prozent zu geben. Viele Betroffene haben niemanden, mit dem sie reden können, kein Mensch hört ihnen zu. Von den Arbeitskollegen zeigt niemand Verständnis dafür, dass es einem anderen Mitarbeiter nicht so gut geht und was ihn belastet. Manchmal kommt es sogar noch schlimmer: Von Spott bis zu harter Kritik an der neuerdings schwachen Arbeitsleistung ist alles möglich. Das ist nicht böse gemeint, vielmehr entsteht diese Haltung aus einem weit verbreiteten, allgemeinen Desinteresse gegenüber Mitmenschen.

Wir stehen dabei selbst im Mittelpunkt unserer Aufmerksamkeit und für andere sowie deren Bedürfnisse ist wenig bis gar kein Raum. Tatsächlich aber verbringen wir täglich mindestens acht Stunden mit unseren Kolleginnen und Kollegen, Vorgesetzten und Mitarbeitern. Wir arbeiten Seite an Seite, Schreibtisch an Schreibtisch und merken nicht, wenn es dem anderen schlecht geht. Ja, meist sehen wir nicht einmal genau hin, wenn jemand den Raum betritt.

Test

Machen Sie doch einmal folgenden Test: Fragen Sie sich, wie eine Person gekleidet ist, nachdem Sie und/oder Ihre Kollegen ein paar Stunden gemeinsam mit ihr verbracht haben und nachdem diese den Raum verlassen hat. Handelt es sich um eine Kollegin, versuchen Sie sich auch an ihre Frisur und die Farbe ihres Nagellacks zu erinnern. Sie werden unter Umständen feststellen, dass Ihnen viel entgangen ist!

Und jetzt stellen Sie sich vor, dass es in Ihrer Umgebung jemandem psychisch sehr schlecht geht. Sie sehen: Wenn Sie schon nicht auf das Erscheinungsbild eines engen Kollegen achten, wie wollen Sie dann erst bemerken, dass es ihm heute nicht gut geht?

Das sollten Sie tun:

Machen Sie es sich zur Gewohnheit, Ihre Arbeitskollegen sowie die Menschen um Sie herum bewusst wahrzunehmen. Sollten Sie das Gefühl haben, dass es jemand anderem nicht gut geht, fragen Sie nach, ob Sie helfen können.

Viele Menschen sind froh und dankbar, wenn ihnen jemand einfach nur zuhört und sie sich ihr Problem von der Seele reden können. Sie erwarten meist nicht einmal einen Lösungsvorschlag. Sie wollen nur reden. Andere wiederum wollen über das, was sie belastet, überhaupt nicht sprechen. Manchmal hilft diesen Menschen aber allein das Gefühl, dass sich jemand für sie als Mensch interessiert und nicht nur auf die Arbeitskraft reduziert, die zu funktionieren hat.

Nehmen Sie Ihre Umwelt bewusst wahr, gehen Sie auf Ihre Mitmenschen ein und Sie werden erleben, dass die Arbeit allen Beteiligten mehr Freude bereitet.

Angesichts dessen lohnt es sich doch umso mehr, sich um den anderen zu kümmern, oder?

03

Der Smiley-Wettbewerb

Vor einigen Monaten war ich eingeladen, Unternehmern und Führungskräften einen Vortrag zu halten mit dem Titel *Wie Arbeit Spaß machen kann.* Da viele der etwa 2.000 Zuhörer ihr ganzes Leben hart daran gearbeitet hatten, ihre Ziele zu erreichen, konnten die meisten von ihnen mit dem Thema nicht viel anfangen. Für Spaß, Freude und Humor war bedauerlicherweise kein Raum – Mitarbeiter und sie selbst eingeschlossen.

Ich stand also da und blickte in die vielen erwartungsvollen Gesichter. Da saßen sie nun und glaubten zu wissen, Spaß und Erfolg seien unvereinbar. 2.000 Augenpaare waren auf mich gerichtet, und plötzlich wurde mir klar, dass ich mit meiner vorbereiteten Rede hier nicht punkten würde.

Ich änderte deshalb spontan mein Konzept und entschloss mich, aus meiner täglichen Praxis zu berichten. So erzählte ich beispielsweise von mehreren Unternehmen und deren Bemühungen, die Arbeitsfreude ihrer Mitarbeiter zu steigern. Die Firmen waren im Hinblick auf ihre Größe und Branche sehr unterschiedlich.

Für Sie, liebe Leser und liebe Leserinnen, habe ich zwischen den sehr zahlreichen guten Beispielen den Smiley-Wettbewerb ausgewählt, da er überall funktioniert – unabhängig davon, ob Sie einer Tätigkeit im Büro, in einer Klinik, in der Produktion, im Verkauf, in einer Autowerkstatt oder Gaststätte nachgehen.

Das sollten Sie tun:

Besorgen Sie für jeden Mitarbeiter zehn Smileys zum Anstecken.[1] Statten Sie jeden Mitarbeiter vorerst mit fünf Exemplaren aus.

Folgende Spielregeln sind zu beachten: Immer dann, wenn ein Kollege oder ein Vorgesetzter besonders hilfsbereit ist, erhält er von dem, den er unterstützt hat, als Dankeschön einen Smiley. Dieser wird sichtbar auf der Kleidung angebracht. Ziel ist es, möglichst viele Smileys als Zeichen der Anerkennung zu bekommen und diese auch zu tragen. Smileys können aber auch jemandem überreicht werden, der Kunden gegenüber besonders freundlich und aufmerksam ist. Andere mögliche Empfänger sind Ärzte oder Krankenschwestern, die besonders nett zu Patienten sind. Sie werden die Erfahrung machen, dass sich alle Beteiligten der Aufgabe verschreiben, möglichst viele Smileys zu ergattern. Hat jemand seine fünf Smileys vergeben, bekommt er fünf neue. Sie sollten aber auch die Smileys weitergeben, die Sie selbst angesteckt bekommen haben.

Achtung: Machen Sie bitte nicht den Fehler, den Smiley-Wettbewerb zeitlich zu begrenzen, denn er eignet sich sehr gut zur langfristigen Anwendung.

---

1 Sollten Sie keine Bezugsquelle haben, können Sie diese in unserem Onlineshop unter www.kinauer.com bestellen.

Bewusst miteinander umgehen

04

Ein aufgrund eines Autounfalls schwer verletzter Mann wurde in die Notaufnahme eines kleinen Krankenhauses eingeliefert. Er trug einen schwarzen Anzug mit Krawatte und sah aus wie ein Landwirt auf dem Weg zur Sonntagsmesse. Sein hageres Gesicht mit den eingefallenen Wangen war kreidebleich und blutverschmiert. Er war bei vollem Bewusstsein. Ärzte und Schwestern hasteten achtlos an ihm vorüber. Hin und wieder warf jemand einen kurzen Blick auf ihn, lief dann aber weiter.

Verzweifelt versuchte er auf sich aufmerksam zu machen, er war aber viel zu schwach, um sich wirklich bemerkbar zu machen. Er hatte sich schon damit abgefunden, dass sein Leben auf dieser Bahre zu Ende gehen würde. Erneut kam ein Arzt vorbei, blieb aber neben dem Mann stehen, betrachtete dessen blasses, blutverschmiertes Gesicht etwas genauer und sagte schließlich: »Oh mein Gott!« Von diesem Augenblick an lief alles wie am Schnürchen. Der Rettungshubschrauber war innerhalb von Minuten zur Stelle und flog den Patienten ins Allgemeine Krankenhaus nach Wien. Dort wurde sein Leben durch eine Notoperation in letzter Sekunde gerettet.

Sicher interessiert es Sie, um wen es sich handelt und warum auf einmal von einer Sekunde zur anderen alles so hervorragend funktionierte: Es ist Dr. Richard Piaty, der damalige Präsident der Österreichischen Ärztekammer. Er befand sich mit dem Auto auf dem Weg von Graz nach Wien, wo ihm ein Orden überreicht werden sollte – deshalb auch der schwarze Anzug. Auf der eisglatten Fahrbahn verlor sein Chauffeur die Kontrolle über den Wagen. Der schwerverletzte Beifahrer wurde mit dem Rettungswagen in das nächstgelegene Krankenhaus gebracht. »Ich habe damals erfahren, was jemand empfindet, der unbedeutend, unbekannt und ganz gewöhnlich ist, der Schmerzen hat, sich verzweifelt an sein Leben klammert, und an dem alle vorbeilaufen, als ob er Luft sei. Diese Erfahrung hat mich zutiefst deprimiert, aber ich habe daraus gelernt«, erzählte er mir drei Jahre nach seinem Unfall.

Sie denken jetzt vielleicht, dass das Ganze ja schon mehr als 20 Jahre her ist und sich seitdem viel geändert hat. Ist es wirklich so? Oder hätten wir's nur gerne? Wie verhält es sich in anderen Branchen und Bereichen wie etwa der Gastronomie, dem Buchhandel oder in Kaufhäusern? Wie ist man mit Ihnen im Handyladen oder im Sportgeschäft umgegangen, als Sie eine Frage gestellt haben? Wie freundlich war der Portier des Hotels, in dem Sie während der letzten Geschäftsreise abgestiegen sind, oder der Pension, in der Sie Ihren Urlaub verbracht haben? Was haben Sie am Flughafen oder im Flugzeug erlebt? War immer alles wunderbar oder hätten Sie ein paar Verbesserungsvorschläge parat? Vielleicht haben Sie miterlebt, wie andere bevorzugt behandelt wurden, nur weil man sie kannte?

Und wie verhält es sich an Ihrem Arbeitsplatz, dem Ort, wo Sie verantwortlich sind? Ist alles in Ordnung, alles bestens? Ich schlage Ihnen vor, in den nächsten Tagen mit offenen Augen durch Ihre Kanzlei, Firma, Abteilung, Station oder Ihr Geschäft zu gehen. Beobachten Sie genau, was dort vor sich geht. Wie werden die Menschen in Ihrem persönlichen Umfeld behandelt?

Wenn Sie in einem Krankenhaus arbeiten: Erweisen sich die Ärzte als unnahbare Götter in Weiß, die ernst dreinschauen und den Kontakt zu Patienten meiden, oder erleben Sie sie als Menschen, die Trost spenden und Zuneigung und Mitgefühl zeigen? Wo stehen sie am Krankenbett? Am Fußende, in sicherer Entfernung? Oder suchen sie den Kontakt, indem sie etwas näher herangehen und den Patienten auch außerhalb der Untersuchung einmal berühren, ihm vielleicht die Hand geben? Haben Patientinnen und Patienten einen Namen oder sind es bloß der Magendurchbruch, der Hinterwandinfarkt oder der Brustkrebs?

Nichts hört der Mensch so gerne wie seinen eigenen Namen. Das ist eine alte Weisheit. Und eine schönere Belohnung als das Lächeln Ihrer Patienten gibt es nicht. Richten Sie Ihr Augenmerk auch auf das Pflegepersonal, wenn Sie auf Ihrer Station sind, und nicht nur auf die medizinischen Fähigkeiten des Einzelnen. Mehr als 90 Prozent Ihrer Mitarbeiter sind fachlich ausgezeichnet. Beobachten Sie vielmehr, wie Pfleger und Schwestern mit den Patienten umgehen. Geschieht dies wortlos, unnahbar, schlecht gelaunt, unfreundlich, wenig hilfsbereit und nicht fürsorglich? Oder verhalten sie sich freundlich, sind gut gelaunt, hilfsbereit, positiv und motivierend? Ihre Aufgabe ist es vorrangig, sich um schwer kranke und verzweifelte Menschen zu kümmern – um Menschen, die alleinstehend sind, die vielleicht niemand besucht. Sind sie mit ganzem Herzen für ihre Patienten da? Machen Sie sich ein Bild!

Wenn Sie sich als Ärztin oder Arzt niedergelassen haben: Beobachten Sie gelegentlich Ihre Arzthelferinnen bei der täglichen Arbeit. Ich weiß, dass es nicht immer einfach ist, aber es geht. Behandeln Ihre Mitarbeiter die Patienten als lästige Bittsteller oder haben sie ein Lächeln auf den Lippen? Sind sie herzlich, hilfsbereit, höflich und zuvorkommend? Wie verhalten sie sich am Telefon? Würden Sie selbst gerne so behandelt werden?

Sie sind rundum zufrieden? Wunderbar, ich gratuliere Ihnen! Sie sind mit dem Ist-Zustand nicht ganz zufrieden? Dann befinden Sie sich in bester Gesellschaft! Eines sollten Sie immer bedenken: Der Fisch beginnt am Kopf zu stinken! Fragen Sie sich also, wie Sie mit Ihrem wichtigsten Kapital, Ihren Mitarbeitern, umgehen. So, dass man gerne unter Ihrer »Regie« arbeitet? Dass man Sie gerne zum Chef hat? Vertauschen Sie gedanklich einfach die Rollen und stellen Sie sich vor, Sie wären beispielsweise eine Stationsschwester. Würde es Ihnen dann gefallen, sich selbst als Vorgesetzten zu haben? Wären Sie gerne Ihre eigene Sekretärin oder Assistentin? Wären Sie ein guter, engagierter Verkäufer, wenn Ihr Gruppenleiter Sie selbst wären? Kurz: Wären Sie gerne Ihr eigener Mitarbeiter? Würde Ihnen das Arbeiten unter diesen Umständen Spaß machen? Oder, eine Ebene tiefer: Hätten Sie sich selbst gerne als Kollegin oder Kollegen?

Nächste Frage: Wären Sie wohl hoch motiviert oder permanent auf der Suche nach einem neuen Job? Das Geheimnis aller erfolgreichen Unternehmen und Organisationen sind hoch motivierte Mitarbeiter. Und es sind ganz unterschiedliche Dinge, die diese anspornen – auf ganz verschiedene Arten und zu ganz unterschiedlichen Zeiten. Sicher haben Sie schon die Erfahrung gemacht, dass das, was Sie motiviert, nicht unbedingt denselben Effekt auf andere hat. Umgekehrt bremst Sie unter Umständen etwas, das Ihre Kollegen zu Höchstleistungen beflügelt.

Vielleicht erinnern Sie sich an die Maslow'sche Bedürfnispyramide, die die menschlichen Bedürfnisse hierarchisch abbildet.

Ganz unten stehen die Grundbedürfnisse wie etwa der Hunger, der zunächst gestillt werden muss. Je mehr »einfache« Bedürfnisse befriedigt sind, umso stärker strebt man laut Maslow nach Selbstverwirklichung. Heute ist es eher umgekehrt: Viele Menschen streben in erster Linie nach Selbstverwirklichung und kümmern sich dann erst um den Rest. Sie sind bereit, Entbehrungen in Kauf zu nehmen, um sich später einen Wunsch zu erfüllen – lieber ein paar Monate beim Essen sparen und dann in Urlaub fahren oder ein schönes Möbelstück für die Wohnung anschaffen. Obwohl nach wie vor eine große Zahl von Menschen ausschließlich auf Erfolg und Besitz ausgerichtet ist, kann man heute glücklicherweise von einem Gegentrend sprechen: der Rückbesinnung auf Werte. Mehr und mehr Menschen geben ihren Job auf, weil die Arbeit sie nicht mehr erfüllt und sie insgesamt keinen Spaß mehr macht. Nicht wenige nehmen auch finanzielle Einbußen in Kauf – unabhängig von Alter und sozialem Status.

Das sollten Sie tun:

Beginnen Sie damit, in Ihrem Kollegen oder Vorgesetzten den Menschen zu sehen. Interessieren Sie sich für die Person, die mit Ihnen gemeinsam oder für Sie Tag für Tag arbeitet. Stellen Sie Fragen, die zeigen, dass Sie sich für den Menschen interessieren und ihn nicht nur als Leistungsträger betrachten. Überlegen Sie, wie Sie Mitarbeiter und Kolleginnen und Kollegen zum Lächeln bringen können.

Loben Sie nicht nur herausragende Leistungen, diese sind nämlich äußerst selten. Achten Sie auch auf die unzähligen positiven Kleinigkeiten, die meist ungeachtet täglich vollzogen werden, und sprechen Sie darüber! Fast jeder kann Lob in unbegrenzten Mengen vertragen!

Gewöhnen Sie sich darüber hinaus an, ganz bewusst »Danke« und »Bitte« zu sagen. Und bedanken Sie sich auch für scheinbar Selbstverständliches.

Das Spaß-Meeting 05

Seminare und Großveranstaltungen zum Thema Mitarbeitermotivation erfreuen sich seit Jahren großer Beliebtheit. Dabei wird in der Regel die Hauptaufgabe, Angestellte zu motivieren, an Außenstehende delegiert. Ich selbst habe bis heute viele dieser Veranstaltungen durchgeführt. Die Teilnehmer sind ausnahmslos begeistert und hoch motiviert. Häufig bekomme ich im Anschluss jedoch zu hören: »Uns brauchen Sie das nicht zu sagen, denn bei uns rennen Sie offene Türen ein. Unsere Vorgesetzten sollten eigentlich hier sitzen, sie sind es nämlich, die alles verhindern und blockieren!«

Wie ich bereits sagte, sind engagierte Mitarbeiter eine unabdingbare Grundvoraussetzung für den Erfolg eines Unternehmens. Doch auch bei diesen Angestellten hält dieser Zustand nicht ein Leben lang an. Selbst hoch Motivierte verlieren mit der Zeit die Freude an ihrem Job und ganz allmählich auch ihre Begeisterung insgesamt.

Der Alltagstrott hat uns also wieder erfasst. Vorsätze sind vergessen, neue Ideen wurden von den Vorgesetzten abgelehnt und man hat sich schließlich damit abgefunden, dass alles so bleibt, wie es bis dahin immer gewesen ist. Glücklich ist man damit nicht, und Spaß macht die Arbeit auch nicht mehr. Das sollte und muss aber nicht sein!

Das sollten Sie tun:

Ergreifen Sie die Initiative und schlagen Sie ein Spaß-Meeting vor oder berufen selbst eines ein. Teilnehmen sollen alle: Mitarbeiter und Führungskräfte Ihrer Abteilung, eines Bereichs oder, wenn die Firma nicht sehr groß ist, alle Angestellten eines Unternehmens.

Die Dauer des Meetings sollte maximal zwei Stunden betragen. Jeder benötigt Schreibblock und Schreibgerät und notiert, was geschehen oder verändert werden müsste, damit ihm die Arbeit (noch/wieder) mehr Spaß macht.

Fassen Sie die Ergebnisse zusammen. Sie werden sehen, wie wichtig scheinbar unbedeutende Kleinigkeiten sind, die dazu beitragen, dass der Job Freude bereitet. Der eine würde sich beispielsweise darüber freuen, wenn die anderen seinen Guten-Morgen-Gruß erwidern. Ein anderer würde gerne seine privaten Fotos aufhängen oder auf den Schreibtisch stellen. Dies ist aber leider in dieser Firma verboten. Wieder andere hätten gerne Namensschilder an den Türen oder Pflanzen im Büro. Anderen wiederum sind die Bekleidungsvorschriften ein Dorn im Auge. Die Liste der kleinen Wünsche ließe sich beliebig verlängern. Es sind nicht die großen Dinge, die den Arbeitsalltag lebens- und liebenswert machen. Es sind vielmehr jene scheinbar unbedeutenden Anliegen, die den Menschen am Herzen liegen und deren Erfüllung nichts oder bestenfalls nur sehr wenig kostet.

Machen Sie sich sofort an die Arbeit und setzen Sie die Aufgaben, Änderungen oder Neuerungen, die sich aufgrund des Spaß-Meetings ergeben haben, gemeinsam um. Das, was für alle Beteiligten wichtig ist, sollte nämlich nicht auf die lange Bank geschoben oder ignoriert werden. Eine motivierte Belegschaft – die Geschäftsführung und sämtliche Mitarbeiter eingeschlossen – belohnt Sie dafür.

06

Wenn der Kunde pfeift ...

... müssen wir tanzen. In unserer Überflussgesellschaft werden die Märkte immer perfekter, für jeden Bedarf gibt es das passende Produkt. Heute ist der Kunde nicht mehr König, nein, er ist zum Diktator geworden. Und wenn der Wunsch auch noch so ausgefallen ist, wir müssen ihn erfüllen, da ihm sonst ein anderer nachkommt.

Immer mehr Konsumenten und insbesondere beruflich vielbeschäftigte Leute bevorzugen den Einkauf übers Internet. Das Angebot ist gigantisch, die Vergleichsmöglichkeiten beinahe unbegrenzt. Freundlichkeit, Service oder Kundenorientiertheit sind hier nicht gefragt, das Ganze läuft weitgehend anonym ab. Das, was für die Verbraucher zählt, sind die einfache Navigation auf der Homepage und die Vergleichsmöglichkeit mit anderen Anbietern. Es gibt heute nichts, was man im Internet nicht kaufen kann. Das Angebot reicht vom Auto über den Urlaub, Kunst, Haushaltsprodukte, Einrichtungsgegenstände oder Werkzeuge bis hin zur Unterwäsche. Der Kunde von heute ist wenig tolerant, denn für ihn zählt ausschließlich der Preis. Wer nicht liefern kann, ist bald aus dem Geschäft.

Und dann gibt es (Gott sei Dank) Kunden, mit denen wir telefonischen oder persönlichen Kontakt haben. Kunden, die das persönliche Gespräch und eine individuelle Beratung bevorzugen. Hier können wir mit Freundlichkeit, Hilfsbereitschaft, Geschwindigkeit und Service punkten. Freuen Sie sich also über einen Anruf oder Besuch! Oder ist es etwa der Kunde selbst, der Ihren sonst relativ angenehmen Arbeitstag stört – unabhängig davon, in welcher Branche Sie beschäftigt sind? Es sollte Ihnen nämlich Spaß machen, die Wünsche und Bedürfnisse Ihrer Kunden, Patienten oder Geschäftspartner zu erfüllen. Freuen Sie sich also über das persönliche Gespräch und darüber, dass Sie Ihren Kunden noch nicht ans Internet verloren haben.

Das sollten Sie tun:

Nehmen Sie sich vor, dass ab sofort jeder Anrufer und jeder Kunde, der Ihr Geschäft betritt, spürt, dass Sie sich gerne mit ihm unterhalten, ihn betreuen oder ihm helfen. Wie vorhin schon empfohlen, sollten Sie bereits lächeln, wenn das Telefon läutet. Ihr Lächeln kann man nämlich hören! Heben Sie die Stimme und wünschen Sie dem Anrufer fröhlich einen schönen Tag und fragen Sie, was Sie für ihn tun können. Nehmen Sie sich vor, dass ab heute jeder Anrufer von Ihnen total begeistert sein muss. Auch und gerade dann, wenn der Kunde sich beschwert oder etwas reklamiert.

Nehmen Sie die Herausforderung an und geben Sie jedem, der persönlich zu Ihnen kommt, das Gefühl, der Wichtigste zu sein. Konzentrieren Sie sich hundertprozentig auf Ihren Besucher und sein Anliegen. Dabei spielt es keine Rolle, ob Sie an der Rezeption, in einem Café, in einem Geschäft, einem Büro, einer Arztpraxis oder in einer Werkstatt arbeiten. Vielleicht hat die Kundin nur eine einfache Frage. Es kann aber auch sein, dass sie etwas kaufen will. Egal, worum es sich handelt, Sie haben Spaß daran, sich um die Kundin zu kümmern.

Packen Sie es also an! Sie werden die Erfahrung machen, dass Ihr Job durch diese neue Einstellung mit einem Mal viel kurzweiliger wird. Ihre Haltung zum Kunden und zur Arbeit insgesamt wird sich ebenfalls verändern. Glauben Sie mir: Es ist toll zu erleben, wie positiv die Menschen auf Ihr neues Verhalten reagieren.

07

Ja, aber …

Manchmal sind Führungskräfte wie Bremsklötze. Immer wieder hören wir »Ja, das ist eine gute Idee, aber …« Seit vielen Jahren, manchmal schon seit Jahrzehnten, fährt man in eingefahrenen

Geleisen und zieht nicht einmal mehr in Erwägung, irgendetwas zu verändern. »Das haben wir immer so gemacht und es hat funktioniert, warum sollten wir daran etwas ändern?«, lautet die Devise.

Bei uns wurde noch nie gelacht, warum sollten wir es plötzlich tun? Bis heute haben wir nicht darüber nachgedacht, wie man bei Kunden und Klienten ein Bewusstsein dafür weckt, dass sie gerne zu uns kommen. Unsere Kunden kaufen, weil wir ein tolles Angebot haben, jawohl! Erlebnismarketing überlässt man dem Zoo, dem All-inclusive-Club und dem Wintersportort.

Das sollten Sie tun:

Kommen Sie endlich aus Ihrer Komfortzone heraus! Hören Sie auf, sich selbst zu bemitleiden! Es bringt Ihnen gar nichts, wenn Sie im Schmollwinkel sitzen und sich über die Erfolge der anderen ärgern. Ändern Sie Ihr Konzept, gehen Sie gemeinsam mit Ihren Mitarbeitern auf Ideensuche. Sie werden viele positive Impulse erhalten. (Wenn es Ihnen anfangs schwerfällt: In diesem Buch sind viele Ideen und Tipps, die Sie erfolgreich umsetzen können.) Hören Sie auf, überall ein Haar in der Suppe zu finden!

08

Fehler passieren – machen Sie was draus

Arbeiten Sie in einem Unternehmen, in dem Fehler schwarze Flecken auf der weißen Weste bedeuten? Verbannt man Sie etwa, werden Sie an den firmeneigenen Pranger gestellt oder mit Missachtung oder gar Versetzung bestraft?

Sie werden sich hüten, in dieser Firma noch einmal Neues zu wagen. Denn wenn dieses Vorhaben auch noch misslingt, haben Sie wieder mit Sanktionen oder Bestrafung zu rechnen. Jack Welsh, der ehemalige Präsident von General Electric, sagte einmal: »Ich habe Fehler honoriert, indem ich jenen Leuten, die Fehlschläge erlitten, Belohnungen gegeben habe, denn sie haben Schwung in die Bude gebracht! Fehler zu bestrafen, führt nur dazu, dass niemand mehr etwas wagt.«

Das sollten Sie tun:

Vielleicht haben einige für die Firma wertvolle Mitarbeiter innerlich bereits gekündigt und warten nur noch auf eine günstige Gelegenheit, um zu kündigen. Wenn Sie wollen, dass Ihre Mitarbeiter Ideen einbringen und Spaß an der Arbeit haben, müssen Sie zuallererst Ihre persönliche Einstellung zu Fehlern und Misserfolgen ändern! Denn dort, wo Menschen arbeiten, geht nun einmal von Zeit zu Zeit etwas schief. Der, der den Fehler gemacht hat, ärgert sich dabei am meisten von allen und ist grundsätzlich enttäuscht und niedergeschlagen. Also können Sie es sich sparen, auf ihm herumzutrampeln. Das macht die Sache nicht ungeschehen oder besser. Ganz sicher aber verändert sich die Einstellung des Betroffenen zum Positiven, wenn Sie nicht wie gewohnt überreagieren. Fragen Sie sich also lieber, was Sie und andere aus diesem Fehler lernen können.

Statt sich zu ärgern, sollten Sie besser jubeln, denn Misserfolge waren für die Menschheit schon immer der Königsweg zum Fortschritt! Die Geschichte ist voll von Beispielen erfolgreicher Menschen und Unternehmen, die zeigen, was man aus Fehlern, Rückschlägen und Misserfolgen an positiven Erkenntnissen gewonnen hat. So führte Dr. Christiaan Barnard am 3. Dezember 1967 die erste Herztransplantation durch. Der Patient überlebte die Operation nur 18 Tage. Bis in die 80er Jahre waren die Erfolge aufgrund der Abstoßungsreaktion nur mäßig. Nach Einführung eines neuen Medikaments wurde die Erfolgsquote deutlich gesteigert. Allein in Deutschland werden jährlich ca. 500 Herzen transplantiert. Mittlerweile führen Menschen, denen ein fremdes Organ transplantiert worden ist, jahrzehntelang ein fast normales Leben. Viele pharmazeutische Firmen investierten in den letzten Jahrzehnten hunderte Millionen Euro in die Entwicklung von Medikamenten gegen Krebs und AIDS, die bis heute keine vollständige Heilung ermöglichen. Sie machen aber Leiden erträglich und verlängern Leben.

Ebenso haben zahlreiche Firmen schon Millionen Euro für Werbung ausgegeben, um am Ende festzustellen, dass es doch die falsche Investition gewesen ist. Haben sie aufgegeben? Nein! Sie und viele andere haben aus ihren Fehlern und Misserfolgen gelernt. Schließlich ermöglichten Fehler häufig erst das Beschreiten neuer erfolgversprechender Wege. Und Fehler passieren, überall, jedem, immer mal wieder.

Bringen Sie Ihren Mitarbeitern mehr Vertrauen entgegen! Daraus gewinnen Beschäftigte ein erhöhtes Selbstvertrauen und können besser mit Fehlern umgehen. Insgesamt werden Missgeschicke produktiver genutzt und Ihre Leute gehen wieder gelassener und mit mehr Freude an die Arbeit.

Wie man in den Wald hineinruft ... 09

Wie viele Stunden verwenden Sie darauf, auf Beschwerden, Anfragen oder die Launen Ihrer Kunden einzugehen? In den meisten Unternehmen werden mehrere Stunden täglich dafür benötigt, und das vollkommen zu Recht. Denn es sind die Kunden, die den Fortbestand unserer Firma sichern und somit indirekt unsere Existenz garantieren.

Und wie gehen Sie mit den Vorschlägen und Fragen der Mitarbeiter um, die nicht zu den Topmanagern zählen? Nehmen Sie diese ebenso ernst oder vergessen Sie deren Anregungen und Anliegen und legen alles in der untersten Schublade Ihres Schreibtisches ab?

Wenn Sie Ihre Mitarbeiter nicht achten, dürfen Sie sich nicht wundern, wenn diese Ihre Kunden nach ganz kurzer Zeit genauso behandeln, wie Sie selbst mit Ihrem Team umgehen. Wenn es einmal hart auf hart kommt, werden Ihnen die meisten Strategien nicht wirklich weiterhelfen. Dann müssen Sie sich auf Ihre

Leute verlassen können. Aber warum sollten Sie genau dies erwarten können, wenn die Angestellten nicht an einem Strang ziehen und die Arbeitsatmosphäre unterirdisch ist?

Das sollten Sie tun:

Behandeln Sie Ihre Mitarbeiter so, als wären sie Aktionäre, die viel Geld in Ihr Unternehmen investiert haben. Und das sind sie im übertragenen Sinne ja auch: Es sind Teilhaber, die jeden Tag mit Herz und Verstand bei der Arbeit sind, die Kreativität, Begeisterung und vollen Einsatz bringen. Ohne diese Aktionäre könnten Sie bald zusperren.

Denn wenn Ihren Kunden seitens der Beschäftigten zu wenig Aufmerksamkeit und Interesse entgegengebracht wird, ist das für das Unternehmen wesentlich problematischer als für den Einzelnen. Lieferanten sind austauschbar und gute Leute haben kein Problem, einen neuen Job zu finden. Womöglich bei der Konkurrenz? Und vielleicht nehmen sie auch noch Ihre Stammkunden mit. Wollen Sie das? Gehen Sie also dazu über, Ihre Mitarbeiter wie Aktionäre zu behandeln!

10

Multinationalität – für alle eine Bereicherung

Kennen Sie Erdogan Atalay? Nein? Haben Sie schon einmal eine Folge der Fernsehserie *Alarm für Cobra 11 – Die Autobahnpolizei* gesehen? Atalay ist der sympathische Hauptdarsteller dieser beliebten TV-Serie. Ist Ihnen denn der Name Attila Dogudan ein Begriff? Er ist einer der bekanntesten Gastronomen Österreichs und hat sich als Caterer für die Formel 1 und viele sportliche Großveranstaltungen weltweit einen Namen gemacht. Er ist außerdem Hotelier und der Betreiber der neuen Restaurants bei BMW in München.

Nicht nur in Österreich, sondern auf der ganzen Welt sind die Menschen stolz darauf, mit Attila Dogudan befreundet zu sein. Und Erdogan Atalay ist im deutschsprachigen Raum ein bekannter Schauspieler, mit dem man gerne gesehen wird. Attila und Erdogan haben eines gemeinsam: Ihre Eltern kommen aus der Türkei.

Vor einigen Jahren besuchte ich einen meiner deutschen Kunden. Die Firma produziert Damenoberbekleidung und hat nicht, wie viele andere Firmen, die Produktion ins Ausland verlegt – alles andere als selbstverständlich, finde ich. Der Inhaber, ein eleganter, groß gewachsener Mann, zeigte mir bei unserem Treffen das Unternehmen und führte mich auch in die Produktionshalle. Dort arbeiten mehr als 150 Frauen an verschiedensten Maschinen, zu 90 Prozent sind es Migrantinnen, die hauptsächlich aus der Türkei kommen.

Mein Kunde ging mit einem Lächeln auf den Lippen durch die Halle, hin und wieder blieb er stehen und wechselte ein paar freundliche Worte mit der einen oder anderen Arbeiterin. Dabei sprach er alle mit ihrem Namen an – wobei es für einen Deutschen relativ schwierig ist, sich türkische Namen zu merken.

Es war interessant für mich zu erleben, wie die Frauen reagierten. Die Aufmerksamkeit, die ihr Chef ihnen schenkte, und die Achtung, die er ihnen entgegenbrachte, riefen eine Veränderung bei den Frauen hervor, die einfach faszinierend war. Sie lächelten zurück, manchmal etwas schüchtern, und freuten sich offensichtlich sehr über die Aufmerksamkeit, die ihnen geschenkt wurde.

Ich war tief beeindruckt. Alle Mitarbeiterinnen schienen große Freude an ihrer Arbeit zu haben. Eine so positive und fröhliche Atmosphäre hatte ich schon lange nicht mehr erlebt.

Zurück in seinem Büro sprach ich meinen Kunden darauf an. »Wissen Sie«, sagte er, »ich lebe von meinen Arbeiterinnen. Für mich macht es keinen Unterschied, woher sie kommen oder welcher Kirche sie angehören. Sie alle leisten hervorragende Arbeit. Und damit geht es auch mir gut. Ich finde es ganz normal, dass ich meinen Mitarbeiterinnen die entsprechende Wertschätzung entgegenbringe.«

Und wie ist das bei Ihnen? Arbeiten Sie in einem Betrieb, in dem auch Menschen unterschiedlicher Herkunft beschäftigt sind? Glauben Sie, dass ihnen die Arbeit Spaß macht? Wie verhalten Sie sich Ihren ausländischen Kollegen gegenüber? Bemerken Sie sie überhaupt? Wann haben Sie sich zum letzten Mal mit ihm oder ihr unterhalten?

Das sollten Sie tun:

Schenken Sie allen, mit denen Sie zusammenarbeiten, unabhängig davon, wo sie geboren wurden und welcher Religion sie angehören, ab sofort mehr Aufmerksamkeit. Geringschätzung fördert weder die Arbeitsfreude noch die Qualität der Arbeit. Im Gegenteil, Engagement und Produktivität werden dadurch rapide abnehmen. Bemühen Sie sich also um jeden Einzelnen!

Sie müssen sich nur für sie interessieren. Als persönlichen Zusatznutzen werden Sie vermutlich einige interessante Wesenszüge entdecken, die Ihnen bis dahin verborgen geblieben sind.

Sollten Sie sich jahrelang nicht um die anderen gekümmert haben, so werden sie Ihnen gegenüber am Anfang sehr vorsichtig sein, weil sie mit Ihrem plötzlichen Sinnes- und Verhaltenswandel nicht umgehen können. Vielleicht haben sie Angst, dass das plötzlich an ihnen erwachte Interesse nicht echt ist, sondern nur Mittel zum Zweck. Aber Sie wollen doch interessante Menschen kennenlernen, also bleiben Sie dran – auch wenn es nicht immer ein Erdogan Atalay oder Attila Dogudan ist. Machen Sie weiter, es lohnt sich sehr!

11 Testen Sie das Firmenklima

Gehen Sie einmal mit offenen Augen und Ohren durch Ihre Firma oder Ihre Abteilung und beobachten Sie Ihre Chefin und/oder Ihre Kollegen. Haben Sie das Gefühl, dass sie gerne arbeiten? Lachen sie hin und wieder miteinander und albern sie auch manchmal herum? Ist dies nicht der Fall, sollten Sie sich ernsthaft Gedanken machen. Sehen Sie nur ernste Gesichter und vernehmen kein Lachen und sollte kein Scherz die Runde machen, so sind sämtliche Beschäftigten vermutlich nicht sehr glücklich mit ihrem Job.

In einem herzlichen und fröhlichen Umfeld kann man sich viel freier bewegen und ausdrücken, spontan sein, neue Ideen realisieren, sich wohlfühlen und wesentlich erfolgreicher arbeiten. Und das wollen Sie doch, oder?

Das sollten Sie tun:

Ob sich Ihre Mannschaft wohlfühlt, können Sie mit Hilfe einer simplen Maßnahme ganz leicht feststellen: Geben Sie jedem Mitarbeiter oder Kollegen zehn verschiedenfarbige Filzschreiber und ein Blatt Papier im DIN-A4-Format und bitten Sie ihn dann, ein Bild von der Firma oder von der Abteilung zu malen, das seinen momentanen Eindruck wiedergibt.

Es kann gut sein, dass manche Mitarbeiter befürchten, dass das Bild ihr gegenwärtiges, negatives Empfinden zu stark spiegelt und sich nachteilig auf ihre Karriere auswirken könnte. Betonen Sie deshalb, dass Sie lediglich an der aktuellen Stimmungslage interessiert sind und dass diese Aktion niemandem schaden wird.

Die Zeichnungen geben Ihnen einen Überblick über die momentane Zufriedenheit Ihres Teams. Selbst wenn nur wenige Bilder einen negativen Charakter haben, sollten Sie mit den Leuten reden und versuchen, etwas zu verändern.

Lassen Sie alle sechs Monate neue »Stimmungsbarometer« anfertigen. Hat sich innerhalb der zurückliegenden Zeit nichts zum Positiven verändert, sollte Sie das nachdenklich stimmen. Versuchen Sie dann, die Voraussetzungen für ein gutes Arbeitsklima zu schaffen und somit den Spaßfaktor Ihrer Mitarbeiter und Kollegen zu erhöhen. Sie werden überrascht sein, wie einfach es ist, Menschen glücklich zu machen! Dazu kann das bereits vorgestellte Spaß-Meeting einen wertvollen Beitrag leisten.

12

Seien Sie Sie selbst

Markus ist 43 Jahre alt und hat einen Job, der viel Kraft kostet. Er steht den ganzen Tag unter Strom und hat das Gefühl, langsam aber sicher am Burn-out-Syndrom zu erkranken. Dieser unbewältigte Stress zeigt mittlerweile erste Auswirkungen: Markus kann seine Freizeit nicht mehr genießen, er ist am Morgen müder als abends beim Zubettgehen und seine Gedanken kreisen Tag und Nacht um seinen Job. Seit kurzer Zeit plagen ihn zu allem Überfluss auch noch Zukunftsängste. Seine frühere beinahe sprichwörtliche Gelassenheit ist nun völlig dahin. Langsam beginnt er, sich echte Sorgen um seine Gesundheit zu machen.

Markus kann sich auch über nichts mehr freuen, er ist unmotiviert und hin- und hergerissen zwischen einem stressigen Job und einem Privatleben, das auch kein Ausgleich mehr ist. In seiner Partnerschaft kriselt es schon eine ganze Weile. Am allermeisten belastet ihn aber, dass er sich den ganzen Tag über an seinem Arbeitsplatz verstellen muss. Er hat mittlerweile das Gefühl, nicht mehr er selbst zu sein. Er fühlt sich wie ein Schauspieler, der eine Rolle spielt. Das Verbergen seiner Probleme und seiner Verfassung fällt ihm von Tag zu Tag schwerer und in gewissem Maße fühlt er sich alleingelassen. Die Rolle des gutgelaunten und gelassenen Mitarbeiters wird immer mehr zur Belastung.

Wenn es einem Menschen wirklich schlecht geht, ergreift er jeden Strohhalm, der sich ihm bietet und eine Verbesserung der Situation verspricht. Irgendwann einmal hat Markus von Work-Life-Balance gehört, und er entschließt sich, ab sofort für Ausgewogenheit von Job und Privatleben zu sorgen – Work und Life in Balance. Für Markus heißt das: entspannender Ausgleich zum Stress im Beruf wie etwa ein Wochenende in einem Wellnesshotel, Abstand vom Alltag, Sport treiben wie zum Beispiel laufen oder schwimmen.

Markus ist fest davon überzeugt, dass ihm das hilft und es ihm bald wieder besser gehen wird. Das erste freie Wochenende veränderte seinen Zustand noch nicht. Also beschließt er, zwei Wochen Urlaub dranzuhängen. Obwohl er körperlich fitter zurückkehrt, bleibt seine psychische Verfassung unverändert. Wir sehen, dass allein mit Work-Life-Balance, also nur mit Entspannung in der Freizeit, der gewünschte Ausgleich zur Arbeit nicht möglich ist. Es muss darüber hinausgehen.

Das sollten Sie tun:

Versuchen Sie nicht ständig zu beweisen, wie toll Sie sind. Viele Menschen glauben, sie müssten sich anders geben als sie sind, um zu gefallen oder etwas Bestimmtes zu erreichen. Dies wird auf Dauer nicht funktionieren. Denn niemand reagiert auf ihr Schauspiel so, wie sie es gerne hätten: weder ihre Vorgesetzten und Kollegen noch ihre Kunden und schon gar nicht ihr Lebenspartner. Ihr Schauspiel führt einzig und allein dazu, dass sie letzten Endes ihre Lebensfreude, ihre Lebenskraft und ihren Lebensmut verlieren. Sie gewinnen gar nichts, weil sie niemals sie selbst sind.

Solange Sie sich verstellen, wird niemals das eintreten, was Sie sich von einer gesunden Work-Life-Balance versprechen. Haben Sie den Mut, Sie selbst zu sein, und die Menschen werden Sie eher akzeptieren als früher. Äußern Sie Ihre Wünsche, bringen Sie sich mit Vorschlägen ein, und haben Sie keine Angst davor, dass man Sie nicht ernst nimmt oder dass Ihre Ideen abgelehnt werden.

Nur wenn Sie ganz Sie selbst sind, sind Sie auch authentisch. Dadurch wird Ihr Leben wesentlich einfacher und entspannter. Und sehr bald schon werden Sie auch am Arbeitsplatz ausgeglichener und erfolgreicher sein, da man Sie um Ihrer selbst willen akzeptieren und mögen wird.

13

Einkaufen und Spaß gehören zusammen

Vor Kurzem hatte ich geschäftlich in einer Stadt zu tun, in der ich mehr als 20 Jahre gelebt habe. Ich hatte vor dem Termin noch etwas Zeit und dachte, dass es nett wäre, einige alte Freunde zu besuchen. Viele von ihnen hatte ich seit meinem Weggang nicht mehr gesehen. »Vielleicht gibt es die Geschäfte gar nicht mehr«, dachte ich, »aber einen Versuch ist es allemal wert.«

»Wie haben sich die Menschen verändert? Werden sie mich wiedererkennen? Wie geht es ihnen gesundheitlich, beruflich und was machen ihre Kinder?« Diese und ähnliche Gedanken gingen mir durch den Kopf. Zuerst besuchte ich ein kleines Geschäft, in dem ich viele Jahre Stammkunde gewesen war. Hier hatte ich viele schöne Accessoires für die Wohnung gekauft. Kaum hatte ich den Laden betreten, hörte ich einen begeisterten Aufschrei. »Nein, das gibt es nicht, nach so vielen Jahren kommen Sie mich besuchen!«, rief die Inhaberin. Im Laufe des Gesprächs erzählte sie mir, dass das Geschäft nicht mehr ganz so gut laufe wie früher. »Aber wir lassen uns nicht unterkriegen. Wir haben immer neue Ideen und können damit hervorragend punkten!«, sagte sie lächelnd. Die Stimmung im Geschäft hingegen war wie vor 20 Jahren. Die Mitarbeiter waren fröhlich und gut gelaunt, und ich hatte das Gefühl, dass sie dort gerne arbeiteten. Die Kunden ließen sich von der angenehmen Atmosphäre anstecken. Einige kauften vermutlich mehr ein, als sie ursprünglich vorgehabt hatten. Ich selbst wollte eigentlich nichts kaufen, sondern nur einen Besuch machen. Aber ich ließ mich ebenfalls von der guten Laune und Begeisterung anstecken und erwarb ein paar nette Kleinigkeiten.

Es blieben mir noch ein paar Minuten für den zweiten Besuch. Ich hatte den Ladeninhaber als stattlichen, stets gut gelaunten Mann, der immer einen Scherz auf den Lippen hat, in Erinnerung. Sie können sich daher meine Überraschung vorstellen, als mir ein gebückter, griesgrämiger, schlecht gelaunter Mann entgegentrat. Seine Verkäuferin machte auch keinen besseren Eindruck. Als er mich erkannte, brachte er nicht einmal den Anflug eines Lächelns zustande. Ja, das Geschäft gehe miserabel, die Kunden seien lästig und meist schlecht gelaunt, lassen sich beraten und gehen wieder, ohne etwas zu kaufen, sagte er auf meine Frage, ob das Geschäft floriere.

Es gibt viele Geschäfte und Branchen, bei denen der Umsatz im Laufe der Jahre zurückgegangen ist aufgrund der Inhaber und deren Umgang mit Kunden. Kaufen Sie lieber in einem Geschäft, in dem mürrische und desinteressierte Verkäufer arbeiten, oder ziehen Sie ein Geschäft vor, in dem eine angenehme Atmosphäre herrscht? Einkaufen ist immer noch ein sinnliches Erlebnis, was leider sehr viele Ladeninhaber vergessen.

Sie glauben, bei Produkten des täglichen Bedarfs wie etwa Lebensmittel hält sich die Lust in Grenzen? Ich gebe Ihnen recht! Aber Hand aufs Herz, haben Sie sich noch nie an dem besonders schönen und vielleicht auch noch preiswerten Obst oder dem tollen Fisch ergötzt, den Sie heute ergattert haben? Haben Sie sich noch nie über das nette »Auf Wiedersehen und einen schönen Tag noch!« der Kassiererin gefreut? Ich schon und Sie bestimmt auch. Wie lange zehren Sie von der ausgezeichneten Beratung in einem bestimmten Geschäft? Und wie lange ärgern Sie sich über das Gegenteil?

Spaß und Freude an der Arbeit haben Auswirkungen auf den Wettbewerb. Je besser gelaunt, freundlicher und kundenorientierter die Verkäufer sind, desto größer sind die Chancen auf Ab- und Umsatz. Wenn Chefs und Mitarbeiter die Lust an ihrem Job verloren haben, spüren das die Kunden und sie suchen lieber Geschäfte auf, in denen das Einkaufen noch ein Erlebnis ist. Das Ergebnis der Lustlosigkeit sind, wie im Beispiel beschrieben, rückläufige Verkäufe, die die Stimmungslage noch weiter verschlechtern. Daraufhin versuchen Geschäftsinhaber zu retten, was noch zu retten ist, und verstärken den Druck auf die Verkäufer. Die Kunden spüren auch das und bleiben früher oder später ganz weg.

Die meisten Geschäfte werden nämlich nicht wie allgemein angenommen von Discountern und Ketten verdrängt. Wie sollte man sich sonst den Fortbestand äußerst erfolgreicher Einzelhandelsgeschäfte erklären, unabhängig davon, welcher Branche sie angehören? Viele Kunden ziehen das individuelle Einkaufserlebnis der Anonymität vor, glauben Sie mir.

Das sollten Sie tun:

Machen Sie sich bewusst, dass die Menschen, die Ihr Geschäft betreten, ein besonderes Einkaufserlebnis erwarten, schließlich sind sie manchmal bereit, sehr viel Geld auszugeben. Neben gutem Service und Zuvorkommenheit sollten Sie über ein perfektes Fachwissen verfügen, um umfassende Beratung zu gewährleisten. Sie müssen sich für das, was Sie verkaufen, interessieren. Freuen Sie sich also über jeden Kunden, der Ihr Geschäft betritt!

Und die Fragen Ihrer Kunden sind keine lästigen Übel, sondern wichtige Schritte auf dem Weg zum Erfolg. Denken Sie immer daran: Der Kunde zahlt Ihr Gehalt und dafür hat er das Recht, richtig informiert und beraten zu werden!

14

Es liegt ganz bei Ihnen ...

In meinem Buch *Der Elefant im Kühlschrank*[2] erzähle ich folgende Geschichte:

> Eine junge Frau kam zu einem Vorstellungsgespräch etwa 15 Minuten zu früh und musste beim Portier eine Weile warten. Um sich die Wartezeit zu verkürzen, fragte sie den Portier, wie denn das Betriebsklima hier so sei. Der Portier fragte die junge Dame nach dem Betriebsklima in der Firma, in der sie jetzt arbeitet. Die junge Frau antwortete: »Das Klima ist ausgesprochen schlecht. Es gibt viel Streit unter den Mitarbeitern, Missgunst und Neid. Niemand ist hilfsbereit und die Vorgesetzten üben enormen Druck aus. Niemand wird gelobt, es ist einfach furchtbar, dort zu arbeiten.« Der Portier schaute sie freundlich an und sagte: »Da haben Sie wirklich Pech, hier ist es ganz genauso.«

---

[2] Quelle: Peter F. Kinauer: »Der Elefant im Kühlschrank. Machen Sie das Unmögliche möglich – und Träume wahr.« © 2006 by mvgVerlag, REDLINE GmbH, Heidelberg. www.mvg-verlag.de. Mit freundlicher Genehmigung des Verlages.

Zwei Tage später kam ein junger Mann zu einem Vorstellungsgespräch in dieselbe Firma. Auch er kam etwas früher und fragte den Portier nach dem Betriebsklima. Der Portier fragte den jungen Mann, wie das Klima in der Firma sei, in der er im Augenblick arbeite. Der junge Mann lächelte und antwortete: »Dort, wo ich jetzt arbeite, ist alles wunderbar. Wir haben ein tolles Betriebsklima, alle Kolleginnen und Kollegen sind immer gut aufgelegt, und wir haben viel Spaß bei der Arbeit. Unsere Vorgesetzten sind angenehm und bemerken auch, wenn jemand seine Sache gut macht. An sich würde ich gerne im Unternehmen bleiben, aber ich heirate nächsten Monat und übersiedle hierher und muss mir einen neuen Job suchen.« »Sie haben Glück«, antwortete der Portier, »hier ist es genauso wie dort, wo Sie jetzt arbeiten.«

Diese Episode macht deutlich, dass wir selbst in einem hohen Maße für unsere Zufriedenheit am Arbeitsplatz verantwortlich sind. Wir sind es, die den Arbeitstag fröhlich und harmonisch gestalten oder eben nicht.

Stellen Sie sich vor, Sie hatten letzte Nacht folgenden Traum: Der Radiowecker holt Sie mit Ihrer Lieblingsmusik aus dem Schlaf. Sie stehen auf und bei dem Gedanken an Ihren Chef, die Kolleginnen und Kunden stellen Sie verblüfft fest, dass Sie sich auf die Arbeit freuen. Sie können sich nicht erinnern, dass das in den letzten Jahren einmal der Fall gewesen ist. Sie lächeln den ganzen Weg zur Arbeit, und die Menschen, denen Sie begegnen, lächeln zurück. In der Firma wünschen Ihnen Ihr Chef und Ihre Kolleginnen freundlich lächelnd einen guten Morgen. Die Kunden, mit denen Sie sprechen – ob am Telefon oder persönlich – freuen sich über das Gespräch mit Ihnen. Die Arbeit macht Spaß und geht Ihnen leicht von der Hand. Am Abend denken Sie: »Es war ein wunderschöner Tag!«

Das sollten Sie tun:

Realisieren Sie diesen Traum!

15 Wenn es einmal nicht so läuft

Es gibt Tage, an denen hat man das Gefühl, die ganze Welt habe sich gegen einen verschworen. Nichts läuft, wie es laufen sollte. Die Vorgesetzten sind schlecht gelaunt, die Kollegen ebenfalls. Die Kunden sind unfreundlich und den Patienten kann man nichts recht machen. Zu allem Überfluss streikt auch noch der Computer, der Kopierer oder ein anderes elektronisches Gerät, auf das man nicht verzichten kann. Man möchte nichts wie weg. Das geht aber leider nicht, da der Arbeitstag gerade erst begonnen hat.

Ein anderes Mal ist die Langeweile kaum auszuhalten. Es ist nichts, aber auch gar nichts los. Das Telefon ist wie tot, kein Kunde betritt den Laden und es scheint so, als ob alle E-Mails woanders gelandet sind. Die Zeit vergeht einfach nicht. Man sieht alle paar Minuten auf die Uhr, nur um frustriert festzustellen, dass der Abend noch immer in weiter Ferne ist. Und wenn sich dann endlich etwas tut, hält einen die Langeweile so gefangen, dass man froh wäre, es hätte sich auch weiterhin nichts getan. Jetzt hat man noch viel weniger Lust auf Arbeit.

Und dann gibt es Tage, an denen hat man vor lauter Stress nicht einmal Zeit, um auf die Toilette zu gehen oder etwas zu essen. Nach ein paar Stunden ist man vollkommen erschöpft und sehnt sich nach einer kleinen Pause. Aber es sieht ganz so aus, dass eine Pause heute nicht drin ist. Geht es Ihnen manchmal ebenso?

Das sollten Sie tun:

Setzen Sie sich zu Hause ein paar Minuten gemütlich hin. Legen Sie eine Liste an mit den Namen der Menschen, die Sie gerne haben und die Sie glücklich machen. Schreiben Sie darüber hinaus die Dinge auf, die Ihnen Freude bereiten – Ihre Hobbys, eine Sportart. Denken Sie an einen Urlaub, in dem Sie besonders glücklich gewesen sind. Schreiben Sie alles auf, was Sie besonders gerne machen und mit wem.

Wann immer Sie Kraft brauchen, denken Sie an einen der Namen oder eine Sache Ihrer »Das macht mich glücklich«-Liste. Träumen Sie ruhig ein paar Sekunden vor sich hin und Sie haben in weniger als einer Minute wieder Energie getankt für die nächsten Stunden.

Wenn Sie die Möglichkeit haben, hängen oder stellen Sie Bilder von den Menschen auf, die Sie lieben. Vielleicht haben Sie ein Foto Ihres Haustiers, das Sie sehr gerne haben. Tolle Urlaubsfotos eignen sich ebenfalls. Umgeben Sie sich mit Gegenständen, die Ihnen Kraft schenken! Und wenn Sie Pflanzen lieben, stellen Sie einen oder auch mehrere Blumentöpfe auf.

In Spielwarengeschäften gibt es kleine weiche Plastikbälle und die sogenannten Barbanostress-Figuren. Mit diesen Gegenständen lässt sich plötzlich auftretender Stress wunderbar abbauen. Nehmen Sie den Ball oder die Figur einfach in die Hand, drücken Sie sie ein paar Minuten und schon sind Sie weniger gestresst.

Eine andere Variante sind die beliebten Koosh-Bälle. Hierbei handelt es sich um kleine fadenartige Bälle in verschiedenen Größen, die ein wenig Spaß und Abwechslung in den Alltag bringen und helfen, spielend Stress abzubauen. Sie können diese Bälle nämlich einfach werfen oder mit ihnen herumspielen. Keine Angst, es geht dabei nichts kaputt und es wird auch keine wertvolle Arbeitszeit vergeudet. In jedem Fall aber können Sie damit Ihre Arbeitsfreude erhöhen! Und nach ein paar Minuten sind Sie wesentlich leistungsfähiger und fröhlicher.

Ein paar Minuten Spaß und Erholung können also Wunder wirken. Sind daraufhin Qualität und Produktivität hoch, ist der Stresspegel automatisch niedrig. Darüber hinaus sind wir zufriedener und unterliegen auch weniger Stimmungsschwankungen. Und das wollen wir doch alle, oder?

16 Interessieren Sie sich für andere

Was ist Ihr Beruf? In welcher Branche sind Sie tätig?
Es gibt eine Sache, die wir alle gemeinsam haben: Wir sind alle Menschen und haben es immer mit Menschen zu tun – unab-

hängig davon, welchem Berufszweig wir angehören oder welche Position wir innehaben.

Hält Sie manchmal jemand von der Arbeit ab? Ja? Dann denken Sie einmal darüber nach, worin Ihre Arbeit wirklich besteht! Ihre Arbeit sind nämlich sozusagen ALLE Menschen, mit denen Sie es zu tun haben. Und dabei spielt es keine Rolle, welchen Beruf Sie ausüben, denn Sie arbeiten immer mit Menschen. Es ist diese Erkenntnis, auf die es ankommt. Menschen sind kein Ballast, der unsere Arbeit beeinträchtigt, Menschen SIND unsere Arbeit!

Wir erwarten andauernd irgendetwas von unseren Mitmenschen: von den Mitarbeitern eine Top-Arbeitsleistung, von den Kunden ihr Geld, vom Chef einen exzellenten Führungsstil. Von Eltern erwarten wir, dass sie alles für ihre Kinder tun, und vom Arzt, dass er Wunder wirkt. Wir sind egozentrisch und auf unseren eigenen Vorteil bedacht. Die Menschen selbst interessieren uns nicht. Das Einzige, was zählt, ist der Vorteil, den wir für uns herausholen können.

Das sollten Sie tun:

Betrachten Sie die Menschen, mit denen Sie es zu tun haben, nicht nur als Mittel zum Zweck. Bauen Sie eine Beziehung zu ihnen auf, bemühen Sie sich, die Menschen, mit denen Sie in Kontakt kommen, wirklich kennenzulernen. Welchen Interessen gehen sie nach und welche Hobbys haben sie? Welchen Sport betreiben sie, sind sie kunst- und kulturinteressiert? Was liegt ihnen besonders am Herzen (Oper, Theater, Ballett, Popkonzerte)? Welches Urlaubsland bevorzugen sie? Fragen nach Familie, Kindern oder Haustieren signalisieren Ihr Interesse am anderen.

Es kann vorkommen, dass jemand nicht darüber reden möchte, was völlig in Ordnung ist. Was zählt, ist, dass sie gezeigt haben, dass Sie sich für den anderen interessieren. Je mehr Sie verbindet, umso besser ist der persönliche Kontakt und desto größer wird der langfristige Erfolg.

17

Wie Sie motivieren

Stellen Sie sich vor, Sie möchten klettern lernen. Sie wollen es gleich richtig lernen und nehmen deshalb Unterricht bei einem erfahrenen Bergführer und Klettertrainer. Was würden Sie sagen, wenn der Trainer in der ersten Stunde von Ihnen verlangt, eine steile Wand mit Schwierigkeitsgrad zehn ohne die nötige Kondition, ohne Erfahrung und vielleicht auch noch ohne die erforderliche Ausrüstung zu erklimmen? Würden Sie sich darauf einlassen? Hätten Sie Lust dazu?

Mit Sicherheit nicht, denn die Herausforderung ist einfach zu groß und Sie würden bei dem Versuch, die Wand hochzuklettern, kläglich scheitern. Sie wären frustriert und würden den Sport, noch ehe Sie richtig damit begonnen haben, wieder aufgeben.

Für einen Bergführer ist es eine große Herausforderung, Sie ans Ziel zu bringen. Sie ist genauso groß wie die Aufgabe, vor der Führungskräfte stehen. Können Sie sich in etwa vorstellen, wie die meisten Manager an so eine Herausforderung herangehen?

Zuallererst würden sie uns die beinahe unbezwingbare Steilwand zeigen, damit alle sehen und wissen, wo es langgeht. Das nennen sie dann »Ziele setzen«.

Jetzt ist das scheinbar nicht erreichbare Ziel definiert und der Manager muss sich nur noch Gedanken darüber machen, wie er seine Mitarbeiter dazu bringt, das von ihm angestrebte Ergebnis zu erreichen. Also setzt er hohe Prämien aus und ruft uns aus der Chefetage zu: »Jetzt aber ran an die Arbeit, macht mal!« Die Mitarbeiter haben aber keine Lust, weil sie wissen, dass sie das Ziel nicht erreichen können, selbst wenn die Prämie auch noch so hoch ist. Sie sind nicht motiviert und lassen sich nicht darauf ein – von Spaß ganz zu schweigen.

Wie aber geht ein kluger Bergführer an die Aufgabe heran, den Schüler erfolgreich auf den Gipfel zu führen? Um das gewünschte Verhalten – in unserem Fall das Durchsteigen der Steilwand – zu erreichen, wird der Bergführer den Schüler von Anfang an darin bestärken, dass er die Aufgabe meistern wird.

Ein guter Lehrer vermittelt also zunächst, dass er an seinen Schüler glaubt, und gestaltet die Aufgabenstellung von Beginn an so, dass dieser niemals versagen kann. Zu Beginn muss der Lernende eine einfache Übung machen und jedes Mal, wenn er diese bewältigt hat, bekommt er eine positive Verstärkung, die ihn in seinem Tun bestätigt.

Aber was geschieht, wenn er heute keine Lust hat zu trainieren, wenn er nicht motiviert ist? Nichts! Kein Elektroschock wird eingesetzt, keine destruktive Kritik fällt, und es gibt keinen schwarzen Punkt in der Personalakte. Das negative Verhalten findet keine Beachtung und wird einfach ignoriert.

Das sollten Sie tun:

Das Erste, was wir von einem guten Bergführer lernen können, ist Folgendes: LOBEN SIE, SOOFT ES GEHT. Achten Sie auch auf die kleinen Erfolge, denn sie sind wichtige Stationen auf dem Weg zum großen Ziel. Der zweite Grundsatz lautet: KRITISIEREN SIE SO WENIG WIE MÖGLICH. Was wir brauchen, ist Hilfe, denn wir alle wissen, wie rasch Kritik demotivieren kann. Ich bin sicher, dass in den meisten Firmen zu mehr als 90 Prozent alles richtig gemacht wird. Aber wir beschäftigen uns den Großteil unserer Zeit mit den paar Prozent, bei denen es nicht ganz nach Wunsch gelaufen ist. Was Menschen vor allem brauchen, ist eine Arbeitsumgebung, in der sie sicher sind, dass sie nicht versagen können.

Ihr Wahlspruch ab heute sollte also sein: Loben Sie so viel wie möglich und kritisieren Sie so wenig wie nötig! Achten Sie immer darauf, dass die Steilwand, die Ihre Mitarbeiter erklimmen sollen, nicht gleich zu Beginn einen zu hohen Schwierigkeitsgrad hat. Sie wollen doch, dass die Mitarbeiter mit Begeisterung die Wand hochklettern und nicht vor Versagensangst wie paralysiert sind!

18 Die Kraft der Vision

In den letzten 20 Jahren habe ich unzählige Jahresauftakt-Veranstaltungen, sogenannte Kick-offs, in verschiedenen Firmen miterlebt. Der Inhalt dieser Veranstaltungen ist im Prinzip immer derselbe – unabhängig davon, ob es ein großes, mittleres oder kleines Unternehmen ist. Der oberste Chef, einer seiner Stellvertreter oder der Verkaufsleiter richtet einige markige Worte an die versammelte Mannschaft und präsentiert die Zielvorgaben für das kommende Jahr. Das Sekretariat, die Marketing- oder die Werbeabteilung hat dafür extra eine schicke PowerPoint-Präsentation vorbereitet.

Im Wesentlichen bestehen die Präsentationen meistens aus Zahlen, die an die Wand geworfen werden. In der Regel hören sich die Mitarbeiter die oft wortgewaltig vorgetragenen Ziele relativ lustlos, aber geduldig an. Das Gros ist dabei der Meinung, dass die Ziele viel zu hoch gesteckt und daher ohnehin nicht erreichbar sind. Der Leistungsdruck des kommenden Jahres ist bereits jetzt deutlich zu spüren. Das, was in dem Moment aber vorherrschen sollte, sind positive Visionen für die Zeit, die vor ihnen liegt!

Visionen sind für uns unabdingbar und sehr wichtig, wenn wir etwas bewegen wollen. Visionen geben dem Leben Sinn, selbst und gerade in schwierigen Zeiten.

Das, was sämtliche erfolgreiche Firmen eint, ist eine umfassende und positive Vision der Zukunft ihres Unternehmens. Worum es dabei genau geht, veranschaulicht, wie ich finde, folgendes Bild sehr schön:

In unserem Leben müssen wir alle Flüsse überqueren. Am gegenüberliegenden Ufer befindet sich unsere (Unternehmens-)Zukunft. Manchmal ist der Fluss ruhig und leicht zu überqueren, manchmal ist er wild und voll von Gefahren. In solchen Zeiten neigen wir dazu, einfach hineinzuspringen und loszuschwimmen. Dabei zieht uns der Sog des Augenblicklichen davon und wir können nur hoffen, irgendwie das andere Ufer zu erreichen.

Dabei gibt es eine viel bessere Methode, den Fluss zu überqueren. Haben Sie erst eine Vision, so ist diese wie ein Seil, das am anderen Ufer befestigt ist und an dem Sie sich entlanghangeln können. Das Wasser wird trotzdem versuchen, Sie fortzureißen. Sie müssen hart arbeiten und dem Ziel verpflichtet sein, denn es gibt niemanden, der Ihnen das abnehmen kann. Obwohl es keine Garantien für das Erreichen des Ziels gibt, haben wir mit unserer Vision – unserem Seil – die bestmögliche Verbindung zu unserer Zukunft. Wenn Sie es energisch genug festhalten, werden Sie stark genug sein für die täglichen Stromschnellen.

Und jetzt zur Praxis: Eine Vision lässt sich niemals auf Zahlen reduzieren. Zahlen sind nämlich das Ergebnis, die Folge einer Vision. Wie Unternehmensvisionen aber erfolgreich gelebt werden können, veranschaulichen zahlreiche Beispiele: So hatte Sony die Vision der Unterhaltung für alle. Das Ergebnis ist der Walkman. Die Vision der Caritas ist es, den Armen zu helfen, und es gibt viele Menschen, denen es dadurch erheblich besser geht. Toyota wollte nicht nur der beste, sondern auch der größte Autokonzern der Welt sein, und es ist ihm mittlerweile gelungen.

Gibt es für Ihr Unternehmen ein Firmenleitbild, eine Vision, ein Mission Statement – also die Essenz der Unternehmensphilosophie in einem Satz? Ja? Wunderbar! Dann können Sie sicher aus dem Stand heraus sagen, was es besagt, oder? In dem Unternehmen, in dem Sie arbeiten, gibt es kein Leitbild, keine Vision? Sind Sie ganz sicher? Sehen Sie sich einmal genau um. Vielleicht hängt es doch irgendwo einsam und unbeachtet an irgendeiner Wand.

Ich habe im letzten Jahr quer durch alle Branchen mehr als 100 Firmenvisionen, Leitbilder und Mission Statements von kleinen, mittleren und großen Wirtschaftsunternehmen und Organisationen gelesen. Manche sind mehrere Seiten lang. Andere beschränken sich auf einen Satz. Allen aber ist gemein, dass einerseits der Kunde, der Gast, der Klient oder der Patient König ist, und andererseits ist die Firma bestrebt, diesem ein guter und zumindest hin und wieder der beste Partner zu sein.

Alle wollen erfolgreich sein, die Besten der Branche. Es ist von Ehrlichkeit und davon die Rede, dass die Mitarbeiter gerecht behandelt und entlohnt werden. Die rasche Abwicklung von Bestellungen, Freundlichkeit und Hilfsbereitschaft sowohl am Telefon als auch im persönlichen Gespräch werden dabei genauso großgeschrieben wie die großzügige Behandlung von Reklamationen und Beschwerden.

Trotz großer und kleiner Visionen habe ich eines leider nicht gefunden – sosehr ich mich auch bemüht habe: Niemand scheint Wert darauf zu legen, dass sich die Mitarbeiter wohlfühlen und mit Freude arbeiten. Ein gutes Betriebsklima und Spaß mit Kollegen, Lieferanten, Kunden und Vorgesetzten scheint in diesen Firmenleitbildern nicht vorzukommen. Ebenso wenig taucht der Gedanke auf, dass die Umgebung, in der man arbeitet, stimulieren soll. Somit wird der einzig wahre Garantieschein für Unternehmenserfolg völlig ausgeklammert. Was nützen die besten Produkte und Dienstleistungen, wenn die Mitarbeiter muffelig sind, der Service nicht stimmt, die Lieferung nicht termingerecht erfolgt? Die Einstellung »Kunde droht mit Auftrag!« oder wie es Edgar K. Geffroy ausdrückt: »Das Einzige, was stört, ist der Kunde!« ist leider allgegenwärtig.

Das sollten Sie tun:

Überprüfen Sie Ihr Firmenleitbild, wenn das Unternehmen eines hat. Wurde den Mitarbeitern jener Platz eingeräumt, der ihnen gebührt? Ich sag es nochmal: Angestellte sind das wichtigste Kapital eines Unternehmens. Es reicht nicht, wenn Mitarbeiter im Firmenleitbild ausschließlich auf Werkzeuge reduziert werden, die lediglich den Kunden zufriedenstellen sollen. Das schönste Leitbild ist unnütz, wenn die Mitarbeiter nicht gerne arbeiten. Sorgen Sie also dafür, dass Freude und Spaß an und bei der Arbeit in der Vision, im Leitbild, fest verankert sind!

Wenn Sie noch keine Firmenvision formuliert haben, sollten Sie sich jetzt ans Werk machen. Denken Sie dabei an das Sprichwort »In der Kürze liegt die Würze«.

Für Vorgesetzte:

Es ist eindeutig Ihre Aufgabe, Visionen zu entwickeln. Folgende Punkte sollten Sie dabei beherzigen:

- Eine Vision muss präzise und detailliert sein. Allgemeinplätze wie zum Beispiel: »Wir wollen die Nummer 1 sein«, »Wir wollen eine Weltklassefirma sein« oder »Wir wollen die Innovativsten sein« funktionieren nicht, da sie nichts aussagen. Das sind nette Worte, sie machen aber noch lange keine Vision aus.
- Um ein Leitbild zu kreieren, müssen Sie das WIE, das WANN, das WARUM und das WAS kennen.
- Eine Vision muss positiv und inspirierend sein. Darüber hinaus sollte sie jeden ernsthaft herausfordern, über seine bisherigen Möglichkeiten hinauszuwachsen.

- Jeder muss wissen, wie er etwas zur Realisierung der Vision beitragen kann.
- Eine Vision muss die Mühe wert sein. Sie sollte besser zu groß als zu klein sein.
- Es muss Spaß machen, dem Leitbild entsprechend zu arbeiten.

Wenn alle Voraussetzungen erfüllt sind, haben Sie Ihre Visionsgemeinschaft! Die wird Sie in die Lage versetzen, Ihre Vision zu leben!

Halten Sie KONKRET fest, was Sie wollen. Sobald Sie die Vision formuliert haben, kommunizieren Sie diese Ihren Mitarbeitern persönlich, aber bitte nicht nur schriftlich! Jeder Einzelne muss direkt von der Führungskraft erfahren, wo sein Platz in der Vision ist. Halten Sie sich dabei an Antoine de Saint-Exupéry: »Wenn du ein Schiff bauen willst, dann trommle Männer zusammen, nicht um Holz zu beschaffen, Arbeit zu vergeben und Aufträge zu verteilen, sondern lehre sie die Sehnsucht nach dem weiten, endlosen Meer.« Und wenn es Ihnen gelingt, in Ihren Leuten die Sehnsucht zu wecken, brauchen Sie nie mehr Druck auszuüben, um die Unternehmensziele zu erreichen!

Diese Vorgehensweise erfordert allerdings eine wesentlich intensivere Vorbereitung als die trockene Präsentation von Zahlen, denn hier sind Emotionen gefragt. Glauben Sie mir: Die Mühe lohnt sich und Ihre Leute werden die Vision leidenschaftlich verwirklichen und die gesteckten Ziele erreichen – und das ist es, was zählt!

19

Das etwas andere Geschenk

Veranstalten Sie in der Firma oder in Ihrer Abteilung hin und wieder ein kleines Fest, bei dem auch Geschenke gemacht werden? Erhalten beispielsweise Kolleginnen und Kollegen zum Geburtstag oder anlässlich eines Jubiläums oder bei der Weihnachtsfeier Präsente? Häufig werden kleine Geschenke in Höhe von maximal 20 Euro gemacht.

Wie wäre es einmal mit einem etwas anderen Geschenk, mit einer Aufmerksamkeit, die Freude macht und darüber hinaus nichts kostet?

Das sollten Sie tun:

Teilen Sie allen Beschäftigten einige Tage vor dem nächsten Firmenfest mit, dass bei diesem Anlass jeder an einen der Anwesenden positive Worte richten soll, anstatt ein Geschenk zu überreichen. Dabei geht es nicht um große Taten, die jemand verrichtet hat, sondern vielmehr um jene scheinbar unbedeutenden Kleinigkeiten, die den anderen so liebenswert machen.

So bringen manche Menschen durch ihr fröhliches Wesen Sonne in unseren Arbeitsalltag und ein anderer ist immer hilfsbereit. Eine andere Kollegin ist wiederum der Ruhepol der Abteilung oder ein anderer ist ein besonders guter Zuhörer. Mit »Ich mag dich, weil …« können Sie zum Beispiel Ihren Beitrag beginnen.

Der Angesprochene soll die lobenden Worte weder ablehnen noch kommentieren, sondern einfach nur »Danke« sagen, das reicht. Sie selbst werden anschließend so manchen Kollegen oder so manche Kollegin plötzlich mit ganz anderen Augen sehen, was ein angenehmer Nebeneffekt ist.

Diese andere Form des Geschenks eignet sich auch hervorragend für den privaten Bereich. Ich wünsche Ihnen also für Ihre nächste Party viel Vergnügen!

20

Information ist (fast) alles

Vor einiger Zeit war ich in einem Reisebüro, um Kataloge für die nächste Urlaubssaison zu besorgen. Ich wusste ganz genau, welche Prospekte ich von welchem Veranstalter wollte. Ich war der einzige Kunde und in 20 Minuten sollte das Reisebüro schließen. Leider war die junge Dame, die mich bediente, nicht sehr gut informiert. Sie wusste weder, ob die gewünschten Kataloge im Hause waren, noch war sie sich bewusst, dass es sich um den wahrscheinlich meistgefragten Prospekt eines der größten Veranstalter handelte. Nach fünf Minuten hatte ich zumindest einen Teil der gewünschten Programme in der Hand.

Etwa 50 Meter daneben befindet sich ein weiteres Reisebüro. Da noch nicht Ladenschluss war, dachte ich: »Vielleicht bekomme ich hier die restlichen zwei Kataloge«, und betrat das Geschäft.

Auch hier traf ich auf einen »Berater«, der sich nicht auskannte. Ihm waren die beiden von mir gewünschten Prospekte ebenfalls kein Begriff und er behauptete, dass sein Geschäft diese nicht führe. Ich konnte nicht glauben, dass diese Kataloge eines der größten Reiseveranstalter nicht Teil des Angebots seien, und schlug ihm vor, einfach nachzusehen. Siehe da, auf einmal waren die Kataloge doch da. Die Überraschung meines Beraters war riesig und er blätterte interessiert in den Prospekten und war vom Angebot begeistert.

Sicher können Sie, liebe Leserin, lieber Leser, mein Erlebnis durch Ihre eigenen Erfahrungen mit Verkäufern, Sachbearbeitern, Mitarbeitern von Callcentern, Chefsekretärinnen, Servicekräften und Führungskräften beliebig ergänzen. Unbestritten ist die Zahl derer, die ihren Beruf lieben und Spaß an der Arbeit haben, sehr hoch: Sie besorgen sich die nötigen Informationen aus den verschiedensten Quellen, um Ihre Fragen und Bedürfnisse als Verbraucher zu befriedigen. Dennoch überwiegt die große Zahl derer, die täglich lustlos und frustriert zur Arbeit gehen und denen ihr Job keine Freude bereitet. Viele Menschen üben einen bestimmten Beruf aus und verfügen oft nicht einmal über die notwendigen Mindestinformationen. Diese Unwissenheit, wie ich sie in meinem Beispiel beschrieben habe, ist leider kein Einzelfall und ist in großen Firmen genauso anzutreffen wie in kleinen und mittelständischen Betrieben.

Information ist zum einen eine Holschuld, d. h. wir alle sind dazu verpflichtet, uns die für unseren Job notwendigen Informationen zu beschaffen. Zum anderen ist Information eine Bringschuld, die Führungskräfte dazu anhält, ihre Mitarbeiter mit allen wichtigen Informationen zu versorgen.

Leider kommen sowohl Chefs als auch viele Beschäftigte diesem Gebot nicht nach, sodass zahlreiche Unternehmen zunächst auf (Stamm-)Kunden verzichten und folglich weniger Umsatz und Gewinn machen.

Das sollten Sie tun:

Halten Sie sich an das Sprichwort »Wissen ist Macht« und interessieren Sie sich für Ihren Job! Es ist gar nicht so schwer, an die erforderlichen Informationen zu kommen. Zapfen Sie alle verfügbaren Quellen an. Fragen Sie Kollegen und Vorgesetzte.

Lesen Sie nach oder fragen Sie, wenn Sie etwas nicht verstehen, das Sie aber interessiert, und gehen Sie mit offenen Augen und Ohren durch Ihren beruflichen Alltag. Die Zufriedenheit der Menschen, mit denen Sie täglich zusammenarbeiten, wird Sie belohnen und den Spaß an der Arbeit steigern!

Für Vorgesetzte:

Sie sollten wissen, dass Mitarbeiter, die nicht über die notwendigen Informationen verfügen, auch keine Verantwortung übernehmen (können). Im Gegensatz dazu werden sich informierte Mitarbeiter langfristig für Ihren Bereich und die damit verbundene Tätigkeit verantwortlich fühlen.

Und vergessen Sie das Sprichwort »Erst die Arbeit, dann das Vergnügen«, und bringen Sie etwas Spaß in die Übermittlung von Informationen. Aufs Wesentliche reduzierte, sogenannte trockene Inhalte kommen nicht immer gut an.

Wenn Sie Informationen per E-Mail weitergeben, lockern Sie sie auf. Sie glauben, dass das nicht geht? Es kommt auf den Versuch an, denn unzählige positive Beispiele beweisen das Gegenteil.

So könnten Sie zum Beispiel schreiben:
- »Information von Leitwolf an Rudel: Gestern haben drei Kunden mit Auftrag gedroht. Es ist uns durch entsprechendes Verhalten gelungen, sie erfolgreich abzuwehren. Weiter so! Ich freue mich schon auf unsere nächste Bilanz!«
- Oder: »An Abteilung XY: Bitte lassen Sie sich in der Materialausgabe große Küchenmesser aushändigen, damit Sie die dicke Luft in Ihrer Abteilung schneiden können. Verbessern Sie aber auf keinen Fall die schlechte Stimmung!«
- Oder: »An den Empfang: Es ist toll, wie es Ihnen gelingt, die gute Laune unserer Besucher in schlechte umzuwandeln. Weiter so! Nur nicht lächeln und seien Sie bloß nicht freundlich!«
- Oder: »Einladung zur Schlammschlacht zwischen Außendienst und Innendienst. Wurfgeschosse mitbringen!«

Vielleicht können Sie Informationen aber auch deshalb nur schwer mit Humor anreichern, weil Sie sich nicht mehr daran erinnern können, wann Sie zum letzten Mal gelacht haben.

Vergessen Sie also, dass die persönliche Weitergabe von Informationen wie eine Grabrede oder Belehrung aufgemacht sein muss, um berücksichtigt zu werden. Sie könnten zum Beispiel ein Informationsquiz veranstalten, ähnlich wie das der TV-Shows *Wer wird Millionär* mit Günther Jauch oder der *Millionenshow* des ORF mit Armin Assinger.

Wie Sie sicher wissen, stellen die Moderatoren Fragen, zu denen es jeweils vier Antwortalternativen gibt, von denen eine richtig ist. Um weiterzukommen, müssen die Kandidaten die richtige Antwort erraten. Wenn Sie dieses Modell in Ihrer Firma anwenden, reicht es, wenn Sie maximal drei mögliche Antworten vorgeben. Das Lernen wird dadurch kurzweiliger und die Behaltensquote steigt enorm.

Je mehr Spaß Ihre Leute insgesamt haben, Inhalte aufzunehmen, desto größer ist die Wahrscheinlichkeit, dass sich ihnen Informationen einprägen und sie diese abrufen können.[3] Lassen Sie Ihrer Kreativität also freien Lauf und Sie werden überrascht sein, wie viele Einfälle Sie haben. Es soll nämlich nicht noch einmal vorkommen, dass Mitarbeiter über Jahre angestellt sind, ohne das ganze Angebotsspektrum zu kennen, oder nicht wirklich darüber Bescheid zu wissen, was die Firma, für die sie arbeiten, produziert.

Schon wieder ein Meeting … 21

In jeder Firma gibt es Besprechungen. Diese finden entweder regelmäßig etwa einmal pro Woche als sogenannter Jour fixe statt oder aber man trifft sich nur bei Bedarf. Manche Meetings sind effizient, spannend und kurzweilig, es wird viel gelacht. Dann gibt

---

[3] Für den Einzelhandel habe ich gemeinsam mit meiner Frau das Kartenspiel »Verkaufspower«, ein Verkäuferquiz, entwickelt (erhältlich im Buchhandel oder unter www.kinauer.com).

es wiederum Zusammenkünfte, bei denen Spannungen spürbar sind und die Luft, noch bevor die Konferenz überhaupt begonnen hat, zum Schneiden dick ist. Und schließlich gibt es Meetings, die so langweilig und uninteressant sind, dass man jedes Mal Angst hat, dabei einzuschlafen. Andere Meetings hingegen laufen völlig chaotisch ab.

Viele Manager und Angestellte verbringen das ganze Jahr über unzählige Stunden in Sitzungen. Haben Sie sich dabei schon einmal gefragt, ob die erzielten Resultate die investierte Zeit rechtfertigen? Zu welchem Ergebnis kommen Sie?

Die meisten von uns wissen längst, dass in einer angenehmen Atmosphäre kreative Ideen und ehrliche Dialoge gefördert werden. Beeinträchtigen Spannungen den Austausch, dauert es länger, bis das angestrebte Resultat erzielt ist. Setzen Sie also Humor und Spaß als Katalysatoren für effizientere Meetings ein!

Das sollten Sie tun:

Haben Sie sich schon einmal die Frage gestellt, wie Menschen Informationen am besten verstehen und am leichtesten behalten?

Der unkomplizierteste Weg ist das Ansprechen der Sinne derer, für die die Information bestimmt ist. Also gewöhnen Sie sich an, die Anwesenden aktiv zu beteiligen, geben Sie ihnen etwas zu tun, beziehen Sie sie ein und degradieren Sie sie nicht zu reinen Zuhörern. Darüber hinaus wollen Menschen etwas sehen und manchmal auch etwas berühren. Dann sind sie auch eher bereit und in der Lage, über einen längeren Zeitraum zuzuhören.

Wenn Sie sich das nächste Mal in einer Konferenz langweilen, zeichnen Sie keine Blumen oder sonstigen Kunstwerke auf Ihren Schreibblock. Führen Sie auch keine Strichliste über die »Ähs«, die Sie hören, sondern suchen Sie nach interessanten inhaltlichen Aspekten, auch wenn Sie eigentlich gar keine Lust dazu haben. Oder Sie stellen sich vor, wie ein Sechsjähriger die Situation erleben würde. Alternativ können Sie sich auch in jemanden hineinversetzen, der keinen der Anwesenden kennt. Was könnte er denken und fühlen? Im Handumdrehen sind Sie wieder konzentriert, wozu Ihnen das Spielen mit den Gedanken geholfen hat.

Der beste Start für ein Meeting sind ein paar Minuten gemeinsamen Spaßes, bevor es überhaupt losgeht. Das lockert die Stimmung auf und baut eventuelle Frustrationen und Spannungen ab.

So können Sie vor dem Beginn einer Konferenz für etwa fünf Minuten das Papierkorbspiel spielen. Keine Angst, diese paar Minuten sind keine verlorene Zeit. Besorgen Sie sich ein paar leere Papierkörbe (einen Mülleimer für zwei Teilnehmer). Jeder Mitspieler benötigt drei Kugeln aus feuchtem Zeitungspapier, die jeweils zusammengedrückt etwa die Größe einer Mozartkugel haben.

Stellen Sie den Papierkorb in etwa drei Meter Entfernung vor sich auf. Jetzt versuchen Sie und Ihr Partner, Ihre Kugeln in den Korb zu werfen. Das Spiel endet, wenn es einem von Ihnen gelingt, alle drei Kugeln hintereinander in den Papierkorb zu platzieren. Nach fünf Minuten sollten Sie das Spiel abbrechen, selbst wenn noch nicht alle getroffen haben.

Eine Alternative dazu ist Dart. Besorgen Sie zwei oder drei Scheiben und spielen Sie gemeinsam einige Minuten vor Beginn einer Konferenz. Das lockert die Atmosphäre ebenfalls wesentlich auf.

Meiner Erfahrung nach sind auch kleine Stofftiere besonders beliebt. Das Spielen mit ihnen während einer Besprechung entspannt und fördert ebenfalls die Kreativität. Glauben Sie mir, Erwachsene sind viel verspielter, als Sie annehmen! Haben Sie also keine Hemmungen, diese Tiere einzusetzen.

Eine andere Möglichkeit, in ein Meeting zu starten, ist ein Tagesspruch, wie Sie ihn sicher von Abreißkalendern kennen. Lassen Sie für jedes Treffen abwechselnd von einem der Teilnehmer einen passenden Spruch oder ein Motto erstellen. Sie werden überrascht sein, wie kreativ Ihre Leute sind, und die Stimmung ist gleich zu Beginn entspannt.

Überraschend viele über 40-Jährige leiden unter zu hohem Blutdruck. Auch ein Meeting ist dafür geeignet, etwas dagegen zu tun: Sorgen Sie dafür, dass einmal herzlich gelacht wird – insbesondere und gerade dann, wenn eine ernste Situation bewältigt werden muss.

Herzliches Lachen senkt nämlich den Blutdruck, das Immunsystem wird gleichzeitig gestärkt und darüber hinaus Stress abgebaut. Das ist doch wunderbar, oder?

Ein anderer möglicher Auftakt sind jene kleinen Puzzles, die aus maximal neun Teilen bestehen. Geben Sie zu Beginn eines Meetings jedem Teilnehmer ein Puzzle. Die allererste Aufgabe ist, das Puzzle innerhalb kürzester Zeit richtig zusammenzusetzen. Nach dieser Lockerungsübung werden allen Beteiligten auch schwierige Herausforderungen leichter von der Hand gehen.

Kennen Sie die Geschicklichkeitsspiele, bei denen kleine Kugeln in Vertiefungen versenkt werden müssen? Kaufen Sie ein paar davon und lassen Sie Ihre Leute vor Beginn eines Meetings einige Minuten damit spielen.

Sie können die Teilnehmer aber auch bitten, zur nächsten Konferenz Kinderbilder von sich mitzubringen. Sammeln Sie die Bilder zu Beginn der Sitzung ein und mischen sie diese wie ein Kartenspiel. Sobald es einen Durchhänger gibt, lassen Sie die Teilnehmer raten, welches Foto zu wem gehört. Danach kann es mit neuer Kraft weitergehen.

Sie wollen gemeinsam spielen? Recht so! Wenn das Wetter schön ist, gehen Sie mit Ihren Leuten ins Freie. Nehmen Sie drei große aufblasbare Wasserbälle mit. Stellen Sie sich im Kreis oder sonst wie auf und bringen Sie einen Ball ins Spiel. Die Herausforderung liegt darin, den Ball so lange wie es geht in der Luft zu halten. Er sollte nicht den Boden berühren und immer von einem zum anderen gespielt werden. Nach ein paar Minuten bringen Sie den zweiten Ball zusätzlich ins Spiel und etwas später den dritten. Dieser muss aber mit Wasser gefüllt sein, was das Spiel erschwert. Nach ungefähr zehn Minuten kehren Sie zurück in den Konferenzraum. Jetzt können Sie wesentlich entspannter diskutieren.

Ich habe ja bereits erwähnt, dass Sitzungen manchmal ziemlich chaotisch ablaufen. Alle reden durcheinander und es gibt permanent irgendwelche Nebengespräche, sodass man das Gefühl hat, dass mehrere Konferenzen gleichzeitig stattfinden. Kaum hat jemand das Wort, wird er von jemand anderem unterbrochen. Sind Sie einer von denen, die sich über dieses ineffiziente Chaos ärgern? Dann stellen Sie eine Reihe einfacher Regeln auf, an die sich alle Beteiligten zu halten haben. Missachtet jemand die vereinbarte Vorgehensweise, so wird er ebenfalls mit Softbällen beworfen. Diese Maßnahme wird wieder Ordnung in Ihre Konferenz bringen.

Ich bin mir bewusst, dass die meisten von Ihnen noch nie in Erwägung gezogen haben, auf die eben beschriebene Art und Weise Ihre Besprechungen und Konferenzen kurzweiliger zu machen. Es ist nie zu spät, Neues zu versuchen. Und wenn Ihre Besprechung das nächste Mal ins Stocken kommt, ist der Augenblick gekommen, diese neuen Ideen auszuprobieren. Nur Mut! Sie werden ganz sicher Erfolg damit haben!

22

Tausendmal gesagt

Wie oft haben Sie sich schon darüber geärgert, dass bestimmte Dinge von Ihren Angestellten einfach nicht eingehalten werden? Wie oft schon haben Sie das erfolglos eingefordert?

Dabei handelt es sich nicht um die großen Dinge, die uns Ärger bereiten. Es sind vielmehr die kleinen, scheinbar unwichtigen Nachlässigkeiten und Versäumnisse, die uns auf die Palme bringen: Berichte werden nicht rechtzeitig geschrieben, Kunden zu oft oder zu selten besucht und Zugeständnisse gemacht, die es nicht geben darf. Daneben werden Bekleidungsvorschriften nicht eingehalten und Gesprächstermine nicht pünktlich wahrgenommen. Fremde, die die Firma besuchen, werden nicht gegrüßt und das richtige Melden am Telefon ist ein scheinbar unlösbares Problem. Von Lieferengpässen erfährt man immer erst als Letzter und Toilettenpapier ist schon wieder keines da. Verkäufer geben auf, sobald das erste NEIN vom Kunden kommt, anstatt dranzubleiben und zu versuchen, den Auftrag doch noch an Land zu ziehen. Die Buchhaltung schickt böse Mahnschreiben, statt den säumigen Zahler telefonisch freundlich daran zu erinnern, dass die Begleichung einer Rechnung überfällig ist.

Auf der anderen Seite pflegen Führungskräfte in der Regel lediglich festzustellen, dass irgendetwas NICHT optimal läuft. Grundsätzlich scheint es ihnen aber zu entgehen, dass etwas hervorragend über die Bühne gegangen ist. Lob ist in vielen Firmen zu einem Fremdwort geworden, das man nur noch im Duden findet. Niemand kann sich daran erinnern, wann eine Kollegin das letzte Mal gelobt worden ist. Es interessiert niemanden, ob und wie das enorme Arbeitspensum bewältigt werden kann. Ansuchen und Bitten um kleine Hilfen, die die Arbeit erleichtern, werden abgeschmettert. Nicht nur Führungskräfte, sondern auch Mitarbeiter ärgern sich darüber, dass Dinge, über die sie schon hundertmal gesprochen haben, einfach nicht anders gehandhabt werden. Glauben Sie, dass unter den gegebenen Umständen die Arbeit Spaß macht?

Das sollten Sie tun:

Früher durfte nur der Hofnarr unverhohlen die Wahrheit sagen. Indem er das Fehlverhalten der Herrscher persiflierte und karikierte, hielt er ihnen quasi einen Spiegel vor. Er hatte immer die Lacher auf seiner Seite, und ich weiß von keinem Fall, wo ein Fürst oder König seinen Hofnarren wegen ungebührlicher Aussagen hinrichten ließ.

Machen Sie es wie die Herrscher vergangener Zeiten: Engagieren Sie einen Hofnarren, der Ihnen und Ihren Mitarbeitern den Spiegel Ihres Fehlverhaltens vorhält. Ich selbst habe im Rahmen meines Kabarettprogramms *Anleitung zum Misserfolg* mehr als 100.000 Menschen mit großem Erfolg den Spiegel vorgehalten und weiß von daher, dass diese Form der Kritik in der Regel gut aufgenommen und beherzigt wird.

Wer hat hier ein Problem? 23

Zwei Menschen beenden nach vielen Jahren ihre Lebensgemeinschaft. Jeder gibt dem anderen die Schuld am Scheitern der Beziehung. Er glaubt, sie ist das Problem. Sie glaubt, er ist das Problem.

In einer Firma werden die geplanten Verkaufszahlen nicht erreicht – der Markt ist das Problem, die Produkte, Kunden, Gäste oder die Patienten sind schuld, es liegt am Wettbewerb, den Preisen, der schlechten Werbung, dem Wetter, oder die allgemeine politische und wirtschaftliche Lage stimmen nicht.

In der Abteilung ist die Stimmung schlecht. Die Kollegen sind das Problem – oder, noch besser, die Vorgesetzten. Die Arbeit macht keine Freude, also ist die Eintönigkeit das Problem.

Man kommt zu spät zur Arbeit oder zu einem Termin – der Verkehr ist das Problem.

Der Sprössling bringt schlechte Noten nach Hause – die Lehrer sind das Problem.

Das sind alles sehr plausible Erklärungen für unser Scheitern und demnach sind wir weder selbst verantwortlich noch Verursacher der Probleme. Schuld sind immer nur die anderen, folglich müssen wir auch nicht über Lösungen nachdenken. Das sollen gefälligst die anderen tun, also diejenigen, die die Verantwortung für unser Scheitern tragen.

Es bringt überhaupt gar nichts, permanent über Probleme nachzudenken und dabei ausschließlich anderen die Schuld zu geben. Dies führt nur zu Stillstand und bedeutet letzten Endes Rückschritt. Von daher sollten Sie etwas ändern, wenn Sie keinen Sinn mehr darin sehen, eine Beziehung fortzusetzen, für Ihre Firma, mit diesen Kunden und/oder Kollegen zu arbeiten und die Eintönigkeit Sie fertigmacht oder Sie Ihre Vorgesetzten als unmenschlich empfinden.

Das sollten Sie tun:

Besorgen Sie sich ein Sparschwein, das Sie gut sichtbar in der Firma aufstellen. Vereinbaren Sie mit allen Beschäftigten, Sie selbst eingeschlossen, dass das Wort »Problem« ab sofort aus Ihrem Wortschatz gestrichen wird. Verwenden Sie stattdessen Ausdrücke wie »Herausforderung«, »interessante Situation«, »spannende Sache« und Ähnliches. Im Normalfall dürften diese Begriffe vollkommen ausreichen.

Anstelle von »Der Markt ist das Problem«, sagen Sie von jetzt an: »Es ist für mich eine Herausforderung, trotz der momentanen Marktsituation erfolgreich zu sein.« Statt »Unsere Produkte sind das Problem«, sagen Sie ab heute: »Es ist für mich spannend, unsere Produkte zu verkaufen, denn es gibt immer einen Weg.«

Für »Die Kollegen sind das Problem«, sagen Sie alternativ: »Es ist für mich eine echte Aufgabe, die Kollegen für mich zu gewinnen und von einer Sache zu überzeugen.«

In Zukunft denken Sie nicht mehr »Der Partner ist das Problem – ich bin ohnehin okay«, sondern: »Es ist eine große Herausforderung für mich, ihn oder sie wieder für mich einzunehmen.«

Der Erfolg Ihrer neuen Denkweise wird sich praktisch sofort einstellen, denn Sie haben Ihre positive Herangehensweise zurückgewonnen. Das schließt ganz automatisch eine lösungsorientierte Denkweise ein und plötzlich macht alles wieder mehr Sinn und bereitet Ihnen Freude!

Ach ja, wozu brauchen Sie eigentlich das Sparschwein? Auch für uns erfüllt es seine eigentliche Funktion: Jedes Mal, wenn Sie sich dabei ertappen, dass Sie in Problemen denken oder jemand anderes zum Beispiel sagt: »Das ist aber ein Problem«, wird ein Euro in das Sparschwein geworfen. Passt kein Geldstück mehr hinein, können Sie das Geld für einen guten Zweck spenden, gemeinsam essen gehen oder etwas Schönes fürs Büro besorgen. Zu Beginn werden relativ viele Euromünzen den Weg ins Sparschwein finden. Nach etwa drei bis vier Wochen haben Sie und alle anderen gelernt, in Herausforderungen zu denken, was sich vierfach positiv auswirkt: Erstens purzeln nur noch ganz selten Münzen ins Sparschwein, zweitens haben Sie gelernt, in Lösungen zu denken, drittens macht Ihnen die Arbeit wieder mehr Spaß und zu guter Letzt sind Sie bei allem, was Sie tun, erfolgreicher. Das ist Ihnen doch ein paar Euro wert, oder etwa nicht?

24

Die Bedeutung von Firmenwerten

Die Geschäftsführer von Metro Österreich, einem der größten Cash-and-Carry-Unternehmen im deutschsprachigen Raum, glauben, dass das Geheimnis des Konzernerfolgs sowie das Wohlbefinden der Mitarbeiter vor allem in den gelebten Firmenwerten liegen. Eine zufriedene Belegschaft, die lacht und scherzt und Spaß an der täglichen Routine hat, ist ihrer Ansicht nach die Grundlage und garantiert, dass dies so bleibt.

Hans Gerhard Degen von Metro Österreich hat bei einer Aktion für jeden Mitarbeiter einen Anhänger mit der Aufschrift »I love Metro« anfertigen lassen. Dieser Slogan symbolisiert Firmenwerte wie Service, Qualität, Fortschritt und Spaß. Jeder Mitarbeiter war stolz darauf, diesen Anhänger zu tragen, und wenn sie von Kunden angesprochen wurden, berichteten die Mitarbeiter stolz über die von ihnen gelebten Werte.

Metro hat es gewagt, in unserer ach so ernsten Arbeitswelt anders zu sein als andere. Und der Erfolg gibt Hans Gerhard Degen recht.

Das sollten Sie tun:

Fragen Sie sich zuerst nach den Werten der Firma, in der Sie arbeiten. Unterschätzen Sie dies nicht, denn manchmal fällt es den Menschen gar nicht so leicht, sich darüber Klarheit zu verschaffen. Dabei handelt es sich bei den firmeneigenen Werten um die grundlegenden Prinzipien, nach denen das Handeln ausgerichtet ist. Es spielt hier keine Rolle, welcher Branche ein Unternehmen angehört oder wie groß es ist. Bei manchen Firmen schließt das Firmenleitbild die Werte mit ein, das dann wie bereits geschildert in Form einer Unternehmensphilosophie oder Vision irgendwo im Haus oder auf einer Website zu finden ist. Nur sind sich nicht immer alle der Bedeutung bewusst.

Hauchen Sie den Firmenwerten Leben ein! Stellen Sie die Werte symbolisch dar und kommunizieren Sie sie allen Kollegen und Vorgesetzten. Für dieses Vorhaben brauchen Sie keine externe Agentur. Veranstalten Sie einen Ideenwettbewerb mit allen Beschäftigten, schließen Sie bloß niemanden aus. Häufig sind es die scheinbar unbedeutenden Rädchen, die den Betrieb am Laufen halten und hier Wesentliches beisteuern können. Obwohl viele tagaus tagein mit denselben Routinearbeiten beschäftigt sind, sind sie trotzdem hochmotiviert. Legen Sie also besonderen Wert auf die Ideen jener »unbedeutenden Rädchen«!

Jetzt haben Sie also Ihre Symbole. Machen Sie was draus! Ähnlich wie Metro können Sie Anhänger oder Buttons für die gesamte Belegschaft anfertigen lassen. Darüber hinaus besteht die Möglichkeit, die Symbole auf das Firmenbriefpapier zu drucken oder zum Teil einer Werbeaktion zu machen. Sie können Poster produzieren lassen, die Sie in der Firma an verschiedenen Plätzen aufhängen. Und Sie werden die Erfahrung machen, dass es allen Beteiligten Freude bereitet, die Firmenwerte zu leben – man muss sie nur kennen!

Für Vorgesetzte:

Es ist Ihre Pflicht als Vorgesetzter, die Firmenwerte vorzuleben. Nur dann können Sie von Ihren Mitarbeitern erwarten und verlangen, dass diese Ihnen auch folgen!

25 Und wie motivieren Sie sich?

In den letzten 30 Jahren habe ich unzählige Verkaufstrainings für Handelsvertreter und für Verkäufer im Einzelhandel durchgeführt. Manche von ihnen waren schon seit Jahrzehnten in der Branche. Darunter habe ich einige Verkäufer kennengelernt, die hoch motiviert waren, und solche, deren Engagement verschwindend gering war. Daneben habe ich unzählige Seminare für Sachbearbeiter, Sekretärinnen, Büroangestellte und Führungskräfte abgehalten. Auch hier waren motivierte und weniger motivierte Menschen dabei.

Was mich immer besonders interessiert hat und was ich nach wie vor von den Seminarteilnehmern wissen möchte, ist, mit welchen kleinen Tricks sie sich täglich aufs Neue motivieren. Die Antworten sind immer höchst interessant. Nachstehend finden Sie eine kleine Auswahl der Dinge, die mir bis jetzt genannt wurden und die, wie ich finde, besonders geeignet sind, um sich selbst zu motivieren.

Das sollten Sie tun:

Entspannen Sie sich jeden Morgen für etwa 15 Minuten mit Yoga oder Ähnlichem. Wenn Sie regelmäßig trainieren, verhilft Ihnen das zu mehr Power, innerer Ruhe und Ausgeglichenheit.

Machen Sie folgende Atemübung aus dem Zen-Buddhismus: Setzen Sie sich aufrecht auf einen Stuhl, stellen Sie die Beine nebeneinander, die Hände liegen ineinandergelegt mit der Handfläche nach oben auf den Oberschenkeln und die Daumenspitzen berühren sich. Wenn Sie sich das nicht vorstellen können, stellen Sie sich vor, Sie wollen Wasser trinken und haben kein Trinkglas. Also müssen Sie das Wasser mit den Händen auffangen. Damit das gelingt, müssen Sie die Handflächen ineinanderlegen. Jetzt legen Sie die Hände auf Ihrem Schoß genau so ineinander, als ob Sie Wasser auffangen wollten. Zusätzlich berühren sich Ihre Daumen. Beachten Sie bitte, dass Ihre Kleidung Sie nicht einengt. Konzentrieren Sie sich während der nächsten 15 Minuten ausschließlich auf das Ausatmen. Atmen Sie ruhig und gleichmäßig und versuchen Sie, das Ausweichen der Luft aus Ihrem Körper möglichst intensiv zu spüren. Konzentrieren Sie sich nur auf das Ausatmen. In diesem Moment machen Sie sich keine Gedanken, Ihr Kopf ist frei. Diese Technik klingt zwar sehr simpel, erfordert aber viel Übung. Geben Sie also nicht gleich auf.

Auf andere Menschen wiederum wirkt eine bestimmte Art von Musik motivierend. So kann der eine beispielsweise auf dem Weg zur Arbeit Mozart hören, um gut in den Tag zu starten. Ein anderer kann klassischer Musik nichts abgewinnen. Er hört etwas anderes, um sich einzustimmen.

Durch Entspannungsübungen lernen Sie, »in sich zu ruhen«. So wird Stress abgebaut und die Frustrationsgrenze ganz automatisch angehoben, was bedeutet, dass Sie mit negativen Einflüssen besser umgehen. Wenn man ausgeglichener, ruhiger und gelassener ist, steht auch der Motivation nichts mehr im Wege.

Wofür Sie sich auch immer entscheiden, eines haben alle Mittel und Übungen gemeinsam: Wenn sie erfolgreich sein sollen, muss man sie zumindest zwei Monate lang täglich machen. Danach reichen etwa dreimal die Woche.

26

Spaß und Zerstreuung – probate Mittel gegen Stress

Stress ist den meisten von uns ein vertrautes Übel. Es gibt unterschiedliche Ausprägungen, so stehen manche Menschen etwa unter ganz enormem Druck. Für viele Stressgeplagte haben sich Herumalbern und Spaß als probates Mittel erwiesen, um wieder runterzukommen. Und wie wir bereits gesehen haben, fördert beispielsweise ein wenig Humor und Zerstreuung die Aufmerksamkeit und Effektivität innerhalb eines Meetings. Wenn Sie darüber hinaus den Teamgeist erhöhen und die Kreativität steigern wollen, sollten Sie auch an anderer Stelle zu diesem Mittel greifen. Lassen Sie noch mehr Spaß zu und Sie bekommen, was Sie wollen. Ein paar Minuten können schon Wunder wirken.

Das sollten Sie tun:

- Besorgen Sie sich ein paar Frisbees aus Schaumstoff (erhalten Sie im Spielzeugladen). Es macht Spaß damit zu spielen, und es kann dabei nichts kaputtgehen.
- Haben Sie schon einmal versucht, sich in Ihrem Bürostuhl ein paar Sekunden lang wie verrückt zu drehen? Nein? Versuchen Sie's! Es macht unglaublich viel Spaß.
- In manchen Firmen steht im Aufenthaltsraum ein Tischkicker. Es macht nicht nur Männern Spaß, damit zu spielen!
- Führen Sie einmal pro Woche ein gemeinsames Frühstück ein, zu dem jeder etwas mitbringt.
- Dekorieren Sie die Wände mit energievollen, positiven Bildern oder Plakaten. Selbstverständlich können Sie selbst oder gemeinsam mit Ihren Kollegen tätig werden.
- Wenn Sie die hohe Zahl von Telefonaten stresst, sodass Sie für notwendige Routinearbeiten keine Zeit mehr haben, sollten Sie die »produktiven dreißig Minuten« einführen. In dieser halben Stunde leiten Sie die eingehenden Anrufe auf den Apparat eines Kollegen um, damit Sie ungestört jene Dinge bearbeiten können, die liegen geblieben sind.
- Führen Sie »Thementage« ein und sammeln Sie für verschiedene Anlässe neue Ideen. Am 21. März ist beispielsweise der kalendarische Frühlingsbeginn. Begrüßen Sie ihn entsprechend und dekorieren Sie Ihr Umfeld frühlingshaft. Und wenn es nur ein paar Blumen sind, die Sie in eine Vase stellen.

  Wenn Ihre Firma Betriebsurlaub macht, machen Sie den letzten Arbeitstag zum Vorfreudetag, an dem es erlaubt ist, herumzualbern. Bringen Sie beispielsweise einen Sonnenschirm mit. Ihrer Fantasie sind keine Grenzen gesetzt.

  Sie erwarten heute den meinetwegen 10.000sten Kunden. Rol-

len Sie den roten Teppich für ihn aus. Feiern Sie ihn überschwänglich.
- Kann man Anerkennung auch noch anders ausdrücken? Ja, man kann! Überreichen Sie der Person, die Sie loben möchten, einen Cent. So können alle, die mitmachen, sich eine »Ein-Cent-Sammlung« anlegen, diese stolz an die Wand hängen und sich über jedes weitere Geldstück freuen.
- Musik fördert in der Regel die Arbeitsfreude. Dennoch sollte Konsens darüber herrschen, was gehört wird, da bekanntermaßen die Geschmäcker sehr verschieden sind.
- Dekorieren Sie Ihr direktes Arbeitsumfeld bestimmten Anlässen entsprechend. Wenn Sie mögen, können Sie sich passend zum Sommerfest, Fasching oder Halloween schminken und verkleiden.
- Begrüßen Sie neue Mitarbeiter mit einem riesigen Willkommensschild auf Ihrem Schreibtisch. »Herzlich willkommen im tollsten Team der Stadt!« könnte beispielsweise darauf stehen.

Sie können aber statt eines überdimensionalen Willkommensgrußes auch eine Schachtel Pralinen, einen originellen Kugelschreiber oder ein Stirnband mit funkelnden Herzen oder Sternen überreichen. Aber auch eine persönliche Kaffeetasse ist ein schöner Einstieg für eine gute Zusammenarbeit.

Sie sehen, Ihrer Fantasie sind keine Grenzen gesetzt! Vielleicht fällt Ihnen ja noch etwas ein?

Für Vorgesetzte:

Lassen Sie Spaß und ungewöhnliche Ideen nicht nur zu – fördern Sie diese!

27

Wen stellen Sie ein?

Irgendjemand hat einmal gesagt »Stelle niemanden ein, dem du sagen musst, dass er freundlich sein soll. Stelle nur freundliche Leute ein!« Ich möchte diesem Credo noch etwas hinzufügen: »Stellen Sie nur Leute ein, die zumindest etwas Sinn für Humor haben!« Wie kann man aber bereits im Bewerbungsgespräch herausfinden, ob eine Person, die man einstellen möchte, Sinn für Humor hat?

Das sollten Sie tun:

Erweitern Sie das Bewerbungsgespräch um folgende Punkte:

- Die Jobbeschreibung muss Menschen ansprechen, für die Spaß an und bei der Arbeit wichtig ist.
- Suchen Sie Ihre Kandidaten auf unkonventionelle Art und Weise. Verwenden Sie in Stellenanzeigen auch einmal ungewöhnliche Wörter, um humorvolle und qualifizierte Kandidaten zu finden. Z. B.: »Lächeln Sie sich in unser Team!«
- Bringen Sie die Kandidaten beim Bewerbungsgespräch in schwierige Situationen, die sie mit Humor lösen sollen. Schlagfertigkeit und Kreativität sind hier gefragt.
- Führen Sie Bewerbungsgespräche in einer persönlichen und aufgelockerten Umgebung, die dem zukünftigen Mitarbeiter ein Lächeln entlockt. Es gibt so viele nüchterne Besprechungszimmer, die nicht anregend sind. Dekorieren Sie einen Kon-

ferenzraum mit originellen Plakaten oder legen Sie originelle Accessoires auf den Tisch.

- Laden Sie Mitarbeiter aus der Abteilung, für die der Bewerber vorgesehen ist, zum Gespräch ein. Sie sind es schließlich, die mit dem Kandidaten Tag für Tag zusammenarbeiten sollen.
- Fordern Sie den Bewerber auf, zum Bewerbungsgespräch einen Gegenstand mitzubringen, der für ihn eine ganz besondere Bedeutung hat.
- Fragen Sie den Bewerber, wie er sich seinen idealen Arbeitsplatz vorstellt. Fragen Sie ihn auch, wie er neuen Wind in die Firma und das Tagesgeschäft bringen will.

Insbesondere wenn die objektiven Kriterien nicht ausreichen, um eine Personalentscheidung zu treffen, können diese Tipps eine wichtige Unterstützung für Ihre Auswahl sein.

Ältere Mitarbeiter – keine alten Eisen

28

IBM hat bereits vor etwa 20 Jahren festgestellt, dass der Dependence in Österreich in ein paar Jahren eine Überalterung droht, die den Erfolg des Unternehmens gefährden könnte. Die meisten Mitarbeiter waren zu diesem Zeitpunkt etwa gleich alt, sodass sie ungefähr zur selben Zeit in Rente gehen würden. Es war damals nicht möglich, die Belegschaft um eine ausreichende Zahl jüngerer Arbeitskräfte aufzustocken, sodass die zu erwartenden Pensionsabgänge durch sie ersetzt worden wären. Grundsätzlich verursacht eine Maßnahme in dieser Art auch enorme zusätzliche Kosten. Also hat man bei IBM allen Mitarbeitern über 45 den sogenannten »Golden Handshake« angeboten.

Das Angebot war so lukrativ, dass sich viele entschlossen, es anzunehmen. Jetzt war wieder Platz für »junges Blut«.

Der »Golden Handshake« erfreut sich insbesondere in den letzten Jahren großer Beliebtheit, wenn es darum geht, ältere Mitarbeiter auf eine elegante Weise loszuwerden oder den Kostenfaktor Personal zu reduzieren. Bei Austrian Airlines wurde Ende 2006 sogar eine Kapitalaufstockung vorgenommen, um die Golden Handshakes finanzieren zu können.

Wir alle wissen, dass junge Mitarbeiter weniger Erfahrung und Know-how haben und somit wesentlich weniger kosten als solche, die schon einige oder viele Jahre im Geschäft sind. Entlassungen älterer Beschäftigter mögen wirtschaftlich durchaus gerechtfertigt sein. Den Firmen geht dadurch aber viel an Erfahrung und Kompetenz verloren. Es handelt sich um Wissen, das nicht mehr weitergegeben wird. Und Unternehmen zahlen darüber hinaus drauf, da die altgedienten Experten nicht mehr in der Firma arbeiten.

Das sollten Sie tun:

Nicht alle älteren Mitarbeiter zählen die Tage bis zur Rente! Es gibt unter ihnen so manchen, der gerne arbeitet und nicht permanent an den Ruhestand denkt, der in einigen Jahren auf ihn zukommt. Er ist voller Begeisterung bei der Sache, also ein echter Gewinn für das Unternehmen. Verzichten Sie nicht auf das Wissen Ihrer »grauen Wölfe« und bilden Sie Arbeitsgruppen, die aus jüngeren und älteren Mitarbeitern bestehen. Das Ziel ist Know-how-Transfer, wobei die Erfahrenen als Mentoren für die Jüngeren fungieren. Das ist am Anfang nicht immer leicht. Motivieren Sie alle Beteiligten und Sie werden sehen, dass das produktive Miteinander schon sehr bald sehr viel bringt.

Veranlassen Sie jüngere Mitarbeiter, den Know-how-Transfer auch als Holschuld zu begreifen. Sie können und müssen nämlich lernen, ohne Hemmungen nachzufragen, wenn sie etwas nicht wissen oder verstehen.

Halten Sie regelmäßig – etwa einmal im Monat – ein Transfer-Meeting ab. Dabei hat es sich bewährt, die Themen ein paar Tage vor dem Zusammentreffen bekanntzugeben.

Stellen Sie ältere Mitarbeiter nicht aufs Abstellgleis und nehmen Sie ihnen nicht die Freude an der Arbeit, sondern sorgen Sie dafür, dass sie sich neuen interessanten Herausforderungen stellen können. Es gibt in jedem Unternehmen Herausforderungen, bei denen die langjährige Erfahrung von Mitarbeitern nicht wirklich genutzt wird. Stellen Sie sich die Frage, welche Möglichkeiten es gibt, die Erfahrung der sogenannten grauen Wölfe noch gewinnbringender zu nutzen. Manche Firmen setzen bereits ihre versierten Mitarbeiter auf die beschriebene Weise als Mentoren für jüngere Leute ein. Damit ist der Informationsfluss gewährleistet und der junge Kollege läuft weniger Gefahr, Fehler zu machen, die ein anderer schon Jahre vor ihm gemacht hat. Sie werden überrascht sein, wie begeistert alle bei der Sache sind!

29

Das Leben ist zu kurz ...

... um einen lästigen Job auszuüben! Und wenn Sie bedenken, dass Sie im Laufe Ihres Lebens an Ihrem Arbeitsplatz mehr Zeit als sonst irgendwo verbringen, gewinnt diese Aussage gleich doppelt an Bedeutung. Die Zeit ist einfach zu schade, um in einem Umfeld zu arbeiten, das einen runterzieht. Arbeit macht keinen Spaß, wenn das Betriebsklima miserabel ist, die Messer tief fliegen und man sich jeden Tag davor fürchtet, in die Firma zu gehen. Wenn die Bedingungen am Arbeitsplatz ausschließlich frustrieren, schlägt sich das früher oder später aufs Gemüt.

Über kurz oder lang wird auch das Privatleben darunter leiden. Wir alle wissen, dass immer mehr Menschen durch Arbeit krank werden. Dabei ist angefangen bei Herz-Kreislauf- und Magen-

Darmerkrankungen über andauernde unerträgliche Kopfschmerzen bis hin zum Tinnitus alles möglich. Das hat niemand verdient – und Sie schon gar nicht!

Das sollten Sie tun:

Ist das Betriebsklima nicht mehr zum Aushalten, wechseln Sie entweder die Abteilung oder verlassen die Firma, sollte es keine andere Möglichkeit der Versetzung geben. Dabei stellt sich zunächst die Frage, ob Sie das wirklich wollen. Die Arbeit an sich macht Ihnen vermutlich Spaß und Sie wollen im Grunde Ihres Herzens gar nicht wechseln. Sie würden nur gerne in einer besseren Arbeitsatmosphäre arbeiten. Sie können sich aber aus Ihrem »Leidensdasein« lösen, indem Sie selbst aktiv werden und anfangen, etwas zu verändern:

- Seien Sie hilfsbereit – besonders dort, wo man es von Ihnen am wenigsten erwartet.
- Reden Sie mit Ihren Kollegen über mehr als nur das für die Arbeit Notwendige. Interessieren Sie sich für sie als Menschen. Stellen Sie Fragen!
- Heben Sie ab, wenn das Telefon läutet, und warten Sie nicht darauf, dass es der Kollege mit den schwächsten Nerven tut.
- Machen Sie Ihren Kollegen hin und wieder eine kleine Freude. Womit? Finden Sie heraus, worüber sich der andere freut!
- Fragen Sie, bevor Sie sich einen Kaffee holen, ob noch jemand anders einen trinken möchte.
- Stehen oder sitzen Sie im Aufenthaltsraum, in der Firmen-Cafeteria oder in der Kantine nicht für sich alleine herum, sondern suchen Sie Kontakt zu den anderen.
- Erzählen Sie auch mal etwas von sich, wenn Sie dazu aufge-

fordert werden. Ziehen Sie sich nicht in Ihr Schneckenhaus zurück, wenn Sie jemand anspricht.
- Bewundern Sie das Outfit eines Kollegen, seine neue Armbanduhr, den neuen Ring einer Kollegin oder ihre neue Frisur. Die Menschen freuen sich, wenn ihnen jemand Aufmerksamkeit schenkt.
- Fragen Sie, wie das Wochenende oder der Urlaub der Kollegen war. Zeigen Sie Interesse!

Die Liste der Ideen kann beliebig ergänzt werden. Ihrer Fantasie sind dabei keine Grenzen gesetzt.

Für Vorgesetzte:

Alle zuvor beschriebenen Maßnahmen gelten selbstverständlich auch für Sie! Wer arbeitet schon gerne für einen Vorgesetzten, der seine Mitarbeiter auf ihre Personalnummer reduziert und in ihnen eine Belastung für die Kostenstelle seiner Abteilung sieht?

Ein Korb mit frischen Früchten für Ihre Mitarbeiter kann übrigens Wunder wirken!

Merke:

Es wird sicher vorkommen, dass Sie wieder in die alten Verhaltensmuster zurückfallen. Geben Sie sich dann selbst einen Tritt in den Hintern und gehen Sie wieder dazu über, das neu Erlernte zu beherzigen und einzusetzen!

30

Sind Sie über- oder unterfordert?

Dass ein Zusammenhang zwischen Spaß, Erfolg, Gesundheit und Kreativität besteht, wissen wir bereits. Wenn wir darüber hinaus noch unsere Talente und Begabungen sinnvoll einsetzen können, steht unserem Glück nichts mehr im Wege.

Viele von uns haben aber auch schon ganz andere, eher gegenteilige Erfahrungen gemacht: Man hat einen Job, der persönliche Entfaltung verhindert. Da die Arbeit keinen Spaß macht, ist man ausgepowert, nicht sehr erfolgreich, immer wieder krank und wartet darauf, dass die Zeit bis zum Feierabend möglichst schnell irgendwie vergeht. Wir sind frustriert und haben das Gefühl, dass wir trotz größter Anstrengungen die in uns gesetzten Erwartungen nicht erfüllen. Wir sind unglücklich, weil wir einen Job haben, der unseren Talenten und Begabungen überhaupt nicht entspricht. Wir sind überfordert. Gleichzeitig sind wir aber auch unterfordert, weil wir unsere wahren Talente nicht nutzen können.

So gibt es beispielsweise den Geschäftsführer eines internationalen Konzerns, der viel lieber Tischler wäre, die Verkäuferin, die ihre Berufung im Job einer Sekretärin sieht, den Steuerberater, der lieber sein eigenes Restaurant betreiben würde, oder den Automechaniker, der seine Zukunft in einer Bankkarriere sieht. Stünden ihnen ihre Traumberufe offen, könnten sie ihre wahren Begabungen und Talente einsetzen. Sie wären glücklicher, erfolgreicher, kreativer, gesünder und sie hätten jede Menge Spaß.

Das sollten Sie tun:

Stellen Sie fest, dass Ihr Job Ihnen wenig Freude bereitet, sollten Sie sich fragen, was in aller Welt Sie dort noch hält. Hat man erst einmal erkannt, dass das, was man gegenwärtig tut, auf die Dauer nicht das Richtige ist, muss man irgendwann den Mut aufbringen, einfach etwas anderes zu machen. Sie glauben, dass Sie das nicht können? Sind Sie überzeugt, dass Sie schon zu lange in der Firma beschäftigt sind, eine zu hohe Position erreicht haben oder zu lange studiert haben, um eine notwendige und sinnvolle Veränderung in die Wege zu leiten?

Wie wollen Sie denn beweisen, dass Sie erfolgreich sind, wenn Sie Ihre Begabungen und Talente überhaupt nicht nutzen (können)? Nehmen Sie sich ein Beispiel am ehemaligen Offizier des Österreichischen Bundesheeres, Wilhelm Zsifkovits, der über Nacht beschloss, seine eigentlichen Begabungen zu nutzen. Er baute AWD, eines der größten und erfolgreichsten Finanzdienstleistungsunternehmen Österreichs, auf.

Ich habe die Erfahrung gemacht, dass selbst der fröhlichste Mensch in einem verkorksten Unternehmen nicht glücklich wird. Umgekehrt haben diese Firmen auch keine Freude mit heiteren Menschen. Wenn man das für sich erkannt hat, ist es für alle Beteiligten das Beste – Gesundheit, Kreativität und Produktivität eingeschlossen –, sich zu trennen und sich etwas Neues zu suchen.

31

Seien Sie authentisch

Haben Sie Angst davor, Sie selbst zu sein? Versuchen Sie möglicher Kritik und potenziellen Verletzungen aus dem Weg zu gehen? Schlüpfen Sie in eine andere Rolle oder passen Sie sich an, damit Sie den Erwartungen der anderen gerecht werden? »Du musst stark sein«, »Du musst toll sein« oder »Du musst beliebt sein«. Sehr viele haben Angst davor, sich nicht so zu verhalten, wie es die Vorgesetzten und Kolleginnen erwarten oder dass sie eventuell in Schwierigkeiten geraten. Also geben sie vor, jemand zu sein, der sie nicht sind. Ich denke, wir alle haben schon einmal so getan, als würde uns eine ironisch verpackte, verletzende Bemerkung nichts ausmachen, insgeheim hätten wir uns aber doch gerne dagegen gewehrt.

Sehnen Sie sich manchmal danach, einmal Sie selbst zu sein? Wollen Sie nicht länger vorgeben, jemand zu sein, der Sie gar nicht sind? Haben Sie das Bedürfnis, nicht ständig gut dastehen zu müssen und nicht schon wieder in diese oder jene Rolle zu schlüpfen? Haben Sie den Wunsch, endlich einmal oder noch häufiger offen zu sagen, was Ihnen gefällt und was nicht, was Sie sich wünschen und was nicht? Möchten Sie auch Anzüglichkeiten und Grenzverletzungen energisch entgegentreten? Haben Sie schließlich den Wunsch, endlich aufzuhören, andere und sich selbst zu belügen?

Das sollten Sie tun:

Verleugnen Sie sich nicht länger. Hören Sie auf, Ihr ganzes Leben eine Rolle zu spielen und sich anzupassen. Sie vergeuden dadurch nur unnötig Energie, die Sie wesentlich sinnvoller nutzen können. Springen Sie nur ein einziges Mal über den Schatten Ihrer Angst! Treten Sie selbstbewusst auf, sagen Sie, was Sie für richtig halten und was nicht! Sagen Sie, was Sie wollen und was Sie ablehnen. Treten Sie selbstbewusst auf? Die anderen werden verblüfft sein, denn so kennt man Sie noch nicht!

Erleben Sie das befriedigende Gefühl der Erleichterung, endlich von der Last befreit zu sein, Ihr Leben lang eine Rolle zu spielen. Genießen Sie Ihre neu gewonnene Authentizität! Sie haben es sich verdient.

32

Tun Sie sich was Gutes

Wie läuft Ihr Alltag ab? Geht er eher Richtung Alltagstrott? Liegen Sie nach dem Aufwachen lustlos im Bett herum und denken mit Schaudern daran, was Sie heute alles erwartet? Dösen Sie beim Frühstückskaffee energie- und lustlos vor sich hin?

Oder sind Sie heute mit einem fröhlichen Lächeln aus dem Bett gesprungen, haben sich zum Joggen angezogen und sind ganz entspannt eine halbe Stunde gelaufen? Vielleicht haben Sie heute mit Ihrem Partner oder Ihrer Partnerin schon herzlich gelacht. Der Radiomoderator hat Sie möglicherweise zum Schmunzeln gebracht und Sie genießen ganz entspannt Ihr Frühstück auf der Terrasse. Der Blick in den schönen Garten lässt Ihr Herz vor Freude hüpfen, während ein frecher Spatz auf dem Balkongeländer Sie zum Lächeln bringt. Ihr Hund oder die Katze freut sich, wenn Sie sie streicheln und kuschelt sich an Sie. Sie waren am frühen Morgen schon mit Ihrem Hund spazieren und hatten viel Spaß dabei. Sie haben Brötchen fürs Frühstück geholt und die junge Dame in der Bäckerei hat Sie mit ihrer Fröhlichkeit angesteckt.

Endlich haben Sie sich aufgerafft und einer bestimmten Person offen Ihre Meinung gesagt. Jetzt geht es Ihnen richtig gut.

Sie haben einer Arbeitskollegin ein ehrliches Kompliment gemacht und ihre Freude darüber ist Balsam für Ihre Seele. Sie waren besonders nett zu einem Kunden und freuen sich darüber, dass dieser sich bei Ihnen für die tolle Beratung bedankt hat.

Es spielt keine Rolle, was Sie gemacht haben, Hauptsache, es hat Ihnen oder jemand anderem Freude bereitet und Ihre Augen strahlen vor Begeisterung, wenn Sie daran denken oder es jemandem erzählen.

Das sollten Sie tun:

Belohnen Sie sich ruhig einmal selbst, wenn Ihnen etwas besonders gut gelungen ist. Wenn Sie eine Naschkatze sind, kaufen Sie sich zur Belohnung ein kleines Stück Torte oder ein paar Pralinen. Machen Sie es sich zu einer lieben Gewohnheit, sich jeden

Tag selbst eine kleine Freude zu bereiten. Lernen Sie durch scheinbar unbedeutende Kleinigkeiten, das Leben mehr zu genießen!

33

Arbeiten Sie gerne?

Der 8. Dezember ist in Österreich ein Feiertag. Im Hinblick auf das bereits laufende Weihnachtsgeschäft und den zu erwartenden Umsatz haben die Geschäfte an diesem Tag geöffnet. Am 7. Dezember letzten Jahres machte ich einige Weihnachtseinkäufe in der Wiener Innenstadt und kam in jedem Geschäft auf den bevorstehenden Feiertag zu sprechen: »Sie haben ja morgen geöffnet. Müssen Sie auch arbeiten?« Die Antwort war immer dieselbe: »Ja, leider.«

Es gab nur eine einzige Ausnahme. In einem Geschäft antworteten die zwei jungen Verkäuferinnen auf meine Frage wie aus einem Munde: »Ja, wir sind morgen auch hier. Und wir freuen uns darauf, unsere Kunden zu beraten, damit sie das richtige Geschenk unter den Weihnachtsbaum legen!« Es war wirklich erfrischend, die beiden bei ihrer Arbeit zu beobachten. So viel Freude mit den Produkten und dem Service für die Kunden hatte ich schon lange nicht mehr erlebt. Die beiden waren äußerst kommunikativ, fröhlich und positiv eingestellt und suchten Kontakt zu ihren Kunden. Nicht jeder, der den Laden betrat, hat auch etwas gekauft, was aber der guten Laune der beiden keinen

Abbruch tat. Sie verabschiedeten jeden mit einem fröhlichen Lächeln und einem freundlichen »Auf Wiedersehen und einen schönen Tag noch!«

Das sollten Sie tun:

Überlegen Sie sich permanent neue Strategien, wie Sie es schaffen, die Aufmerksamkeit Ihrer Kunden zu gewinnen. Besprechen Sie mit Ihren Kollegen, was Sie tun können, um den Kunden den Besuch bei Ihnen zu einem unvergesslichen Erlebnis zu machen. Konzentrieren Sie sich voll auf die Person, mit der Sie gerade sprechen. Lassen Sie sich durch nichts ablenken. Telefonieren Sie mit jemandem, unterbrechen Sie die E-Mail-Korrespondenz. Gehen Sie allgemein stärker auf die Menschen zu. Lächeln Sie, denn man soll sehen, dass Sie sich über den Besuch freuen.

Einmal war ich vollends überrascht, als die Kassiererin in einem Supermarkt mir mitten in der Stoßzeit mit einem freundlichen Lächeln einen schönen Tag wünschte. Das hatte ich nicht erwartet. Nicht hier im Supermarkt. Und ich hatte das Gefühl, dass dieser Wunsch von Herzen kam. Das wäre doch auch etwas für Sie, oder?

Sie arbeiten in einem Büro? Das Telefon läutet oder die Vorgesetzte kommt herein und hat eine Frage. Betrachten Sie den Anrufer oder die Besucherin nicht als lästige Unterbrechung einer Tätigkeit, sondern freuen Sie sich, dass jemand Ihre Hilfe benötigt. Ihre Arbeit haben Sie bereits unterbrochen, also schadet es nicht, wenn Sie freundlich sind. Zeigen Sie grundsätzlich, dass Sie die Leute mögen. Alles, was Sie geben, kommt wieder zurück, verlassen Sie sich darauf.

Vielleicht brauchen Sie auch einmal etwas von einem Kollegen oder Sie rufen irgendwo an und haben eine Frage. Wie würden Sie dann gerne behandelt werden?

34 Sagen Sie es mit Humor

Ein junger Außendienstmitarbeiter besuchte über zwei Jahre eine Firma in regelmäßigen Abständen von vier Wochen – leider ohne ein Ergebnis. Der junge Mann war verzweifelt, da alle Anstrengungen, das Unternehmen als Kunden zu gewinnen, vergeblich waren, und es sich darüber hinaus um ein lukratives Geschäft gehandelt hätte. Nach zahlreichen fehlgeschlagenen Besuchen machte er schließlich schweren Herzens seinen Abschiedsbesuch. Er besorgte einen großen Blumenstrauß und machte sich zum letzten Gespräch auf.

Mit folgenden Worten begrüßte er den Kunden: »Herr Maier, ich habe Sie in den letzten zwei Jahren immer gerne besucht und möchte mich heute für die angenehme Gesprächsatmosphäre ganz herzlich bei Ihnen bedanken. Leider muss ich mich heute von Ihnen verabschieden, da unser Verkaufsleiter mir aus Kostengründen weitere Besuche untersagt hat.« Anschließend überreichte er seinem verdutzten Gegenüber den Strauß. Von da an entwickelte sich die Firma zu einem seiner besten Kunden.

Ein Pharmareferent besuchte einen renommierten Arzt über mehr als ein Jahr, ohne ihn von der Qualität der von seiner Firma vertriebenen Medikamente überzeugen zu können. Bei einem Seminar fragte er mich, ob ich eine Idee hätte, wie es ihm gelingen könnte, diesen wichtigen Meinungsmacher für sich zu gewinnen. Ich fragte ihn, ob er denn wisse, welche Hobbys der Arzt hat, welche Sportarten er bevorzugt, wo er seine Urlaube verbringt und ob er Kinder hat oder ein geliebtes Haustier. Er gab zu, im Grunde genommen gar nichts über seinen potenziellen Abnehmer zu wissen. Ich riet ihm, alle Informationen, an die er herankomme, zu sammeln, denn so ergebe sich vielleicht ein wichtiger Anknüpfungspunkt.

Der Pharmareferent fand daraufhin schon bald heraus, dass der Arzt ein begeisterter Hobby-Archäologe war. Regelmäßig verbrachte er seinen Urlaub in Ägypten, wo er an archäologischen Ausgrabungen teilnahm. Eines Tages entdeckte der Pharmareferent im Sonderangebot einer Buchhandlung ein Buch über archäologische Funde in Ägypten. Kurz entschlossen kaufte er den Bildband. Seinen nächsten Besuch beim Hobby-Archäologen begann er mit folgenden Worten: »Herr Doktor, ich habe gehört, dass Sie sich für Archäologie begeistern. Ich beschäftige mich ebenfalls mit Ausgrabungen, allerdings auf etwas andere Art und Weise. Ich grabe in Buchhandlungen nach interessanten Büchern und vorige Woche habe ich einen Band gefunden, der für Sie vielleicht von Interesse ist.« Anschließend überreichte er dem Arzt das Buch, das er zu einem sehr günstigen Preis erstanden hatte, und gewann so den Arzt als Kunden für seine Firma.

Ein junger Verkäufer schickte einem möglichen Kunden immer wieder amüsante E-Mails mit Witzen und lustigen Geschichten, ohne dabei aufdringlich zu werden. Seine Anekdoten machten in der ganzen Firma die Runde. Nach einer Weile wurden seine Bemühungen schließlich belohnt: Heute ist der Empfänger seiner E-Mails ein treuer Geschäftspartner seines Arbeitgebers. Es ist der gemeinsame Sinn für Humor, der sie zusammengeführt hat und sie immer noch zusammenhält.

Sie sehen, dass Humor selbst in schwierigen, manchmal aussichtslos erscheinenden Situationen ein echter Erfolgsfaktor ist.

Das sollten Sie tun:

Bewahren Sie gerade in schwierigen Situationen Ihren Sinn für Humor. Selbst dann, wenn es einmal ganz besonders dick kommt, verzweifeln Sie nicht, sondern versuchen Sie das Problem kreativ anzugehen. Manchmal kann es dauern, bis Ihnen etwas Passendes einfällt. Aber es gibt immer einen Weg!

35

Der Briefkasten

Vor einigen Jahren hielt ich in den Räumen einer Firma ein Seminar ab. In einer der Pausen entdeckte ich im Aufenthaltsraum einen Briefkasten, in den man Verbesserungsvorschläge einwerfen konnte. Auf meine Frage, ob viele Anregungen eingehen würden, antwortete man mir, dass sich seit mindestens fünf

Jahren niemand mehr die Mühe gemacht hätte, einen Verbesserungsvorschlag zu übermitteln.

Des Weiteren erfuhr ich, dass der Briefkasten nunmehr seit etwa zehn Jahren an der Wand hing. In der ersten Zeit hätten die Mitarbeiter immer wieder Vorschläge eingeworfen. Bedauerlicherweise seien die Anregungen von der Geschäftsleitung weder diskutiert, geschweige denn realisiert worden. So machte sich niemand mehr die Mühe, auf diese Weise konstruktiv Kritik zu üben. Hier gilt ebenfalls: Irgendwann gibt auch der Eifrigste auf.

Wie verhält es sich in dem Betrieb, in dem Sie arbeiten? Gibt es dort auch ein firmeninternes Vorschlagswesen? Wie wird dies gehandhabt? Wird immer noch konstruktiv Kritik geübt? Wie geht die Geschäftsführung damit um? Werden die Vorschläge mit den Mitarbeitern besprochen und wie viele wurden bis jetzt umgesetzt? Wie viele wurden abgelehnt und warum?

Das sollten Sie tun:

Nutzen Sie den Ideenreichtum und die Kreativität aller Beschäftigten. Fordern Sie sie auf, Vorschläge zu machen. Ich weiß von zahlreichen Unternehmen, dass so viele Arbeitsabläufe verbessert, das Produktsortiment erweitert worden und die Kundenbetreuung effektiver geworden ist. Andere Vorschläge seitens der Mitarbeiter zum Kundenservice oder zur internen Kommunikation, zur Einrichtung von Büroräumen, Verkaufsräumen, Werkstätten, Praxisräumen, Krankenzimmern, Anwalts- und Steuerberatungskanzleien oder Tankstellen wurden ebenfalls erfolgreich umgesetzt.

Bedeutend größer und umso bedauerlicher ist jedoch die Zahl der hervorragenden Vorschläge, die aus unerklärlichen Gründen nicht realisiert worden sind. Auch wenn Ihre Firma nicht groß ist und Sie nur wenige Mitarbeiter beschäftigen, sollten Sie nicht auf deren kreative Beiträge verzichten!

Ob Sie nun einen Briefkasten an die Wand hängen, Vorschläge per E-Mail erhalten oder neue Ideen im persönlichen Gespräch präsentiert bekommen – es gibt viele Menschen, denen es leichter fällt, über etwas zu reden als zu schreiben. Das Wichtigste ist, dass Sie als Führungskraft sich damit auseinandersetzen und mit Ihren Leuten auch darüber sprechen. Schmettern Sie nicht von vornherein alles als nicht machbar ab. Ihre Leute haben sich Gedanken gemacht, weil Sie gerne in Ihrer Firma arbeiten. Sorgen Sie also dafür, dass es so bleibt. Natürlich gibt es Ideen und Vorschläge, deren Realisierung nicht möglich sein wird. So wird es vermutlich nicht möglich sein, auf dem Dach des Firmengebäudes einen Swimmingpool zu bauen. Andererseits wurden auch schon unmöglich erscheinende Ideen realisiert wie z. B. die Einrichtung eines kleinen Fitnessraums für die Mitarbeiter. Die Erfahrung zeigt insgesamt, dass die meisten Anregungen umsetzbar sind und zu einer positiven Veränderung beigetragen haben.

Bei einigen von mir als Berater betreuten Unternehmen haben wir eine Variante des oben beschriebenen Briefkastens mit großem Erfolg eingeführt:

Es handelt sich um einen Briefkasten, in den ausschließlich ungewöhnliche und humorvolle Vorschläge und Ideen eingeworfen werden dürfen. Sie erhalten so Anregungen, die den Fun-Faktor im Unternehmen erhöhen sollen. Ist das Unternehmen größer, können Sie diesen selbstverständlich auch durch das

Versenden von E-Mails ersetzen. Wie bereits gesagt, ist das persönliche Gespräch für Mitarbeiter auch immer eine gute Möglichkeit, Anregungen zu unterbreiten. Die zentrale Frage dabei lautet: Was können wir tun, um unseren Arbeitsalltag kurzweiliger zu gestalten und mehr Spaß hineinzubringen? Wie kann man auch einer eintönigen Arbeit etwas abgewinnen? Was können wir tun, um die Räume, in denen sich Kunden aufhalten, so zu gestalten, dass diese sich nicht nur wohlfühlen, sondern auch eine gute Zeit haben? Fordern Sie die Kreativität Ihrer Mitarbeiter heraus! Und haben Sie den Mut, auch ungewöhnliche Ideen anzunehmen und neue Wege zu beschreiten!

Ein schönes Ambiente motiviert

36

In der Vorweihnachtszeit sind viele Geschäftsstraßen, Wohnhäuser, Schaufenster und Läden weihnachtlich geschmückt und beleuchtet. Ob Kitsch oder nicht, es sieht meistens hübsch aus und versetzt den Betrachter in Weihnachtsstimmung.

Für viele Menschen hingegen ist die angeblich friedlichste und besinnlichste Zeit des Jahres aber die stressigste. Die Geschäfte werden (hoffentlich) gestürmt und die letzten Aufträge noch rasch vor Jahresende an Land gezogen. Niemand hat Zeit für eine Verschnaufpause. Viele Restaurants könnten jeden Tag gleich mehrere Weihnachtsfeiern ausrichten. Jeder will noch schnell seine Zähne richten lassen, niemand möchte während der Feiertage im Krankenhaus liegen, Jahresabschlüsse müssen gemacht werden, und viele wollen noch rasch einen Last-Minute-Trip im Reisebüro buchen.

Angesichts dessen fragt man sich, ob überhaupt noch jemand die schöne Weihnachtsdekoration bewusst wahrnimmt. Totale Hektik in der stillsten Zeit des Jahres! Wie sieht es denn dort aus, wo in der Vorweihnachtszeit weder Kunde, Klient noch Patient einen Fuß hineinsetzt, sondern ausschließlich die Mitarbeiter einer Firma? Was passiert in den Arbeitsräumen, Gängen, Werkstätten, Produktionshallen, Büros und Aufenthaltsräumen von Firmen? Haben diese Orte ebenfalls etwas Weihnachtliches? Meistens ist bedauerlicherweise das Gegenteil der Fall.

An Karneval hingegen sieht man hin und wieder lustige Dekorationen und am Rosenmontag sowie Faschingsdienstag sind die Leute verkleidet und witzig geschminkt. Leider finden das manche Chefs und der eine oder andere Kunde nicht ganz so amüsant. Den meisten Menschen entlockt dieser Aufzug aber ein Schmunzeln, Lächeln oder sogar lautes Lachen. Hauptsache, Sie und Ihre Vorgesetzten und sämtliche Kollegen haben Spaß, denn darauf kommt es an!

Das sollten Sie tun:

Dekorieren Sie Ihr Büro, die Werkstatt oder den Aufenthaltsraum weihnachtlich oder in der Karnevalszeit entsprechend. Ihrer Fantasie sind keine Grenzen gesetzt. Sie verbringen schließlich die meiste Zeit des Tages am Arbeitsplatz, von daher haben Sie sich ein wenig Weihnachts- bzw. Karnevalsstimmung verdient. Verkleiden Sie sich.

Was spricht eigentlich dagegen, dass Sie ein der Jahreszeit entsprechendes Motto oder ein Motto des Monats wählen? Mögliche Themen wären beispielsweise Sport oder Märchen.

Für Vorgesetzte:

Regen Sie Ihre Mitarbeiter dazu an, ihr unmittelbares Umfeld zu dekorieren. Jede Idee ist willkommen. Als Führungskraft haben Sie gelernt, in Möglichkeiten zu denken. Damit ist gewährleistet, dass die Vorschläge der Mitarbeiter auch umgesetzt werden. Machen Sie selbst aktiv mit! Verkleiden oder schminken Sie sich. Ihre Angestellten wissen es zu schätzen, dass Sie Sinn für Humor haben. Auch Ihre Kunden und Geschäftspartner werden es positiv aufnehmen!

37

Der etwas andere Newsletter

Viele Firmen versenden an ihre Kunden und/oder Mitarbeiter einen Newsletter. Die internen Neuigkeiten beschränken sich dabei häufig auf Produktinformationen, Änderungen und Neuerungen im Unternehmen, Nachrufe, Gratulationen zum Geburtstag, Hochzeiten oder Firmenjubiläen. Manchmal gibt es einen Reisebericht, der Betriebsrat schreibt eine Kolumne oder man erfährt, wo man günstig Autoreifen kaufen kann.

Begeisterungsstürme werden damit aber keine hervorgerufen. Sie wollen, dass die Leute in Zukunft auf den Newsletter warten, ihn interessiert lesen und darüber reden?

Das sollten Sie tun:

Zusätzlich zu den üblichen Themen können Sie auch damit punkten:

- Lassen Sie Beiträge nicht immer von denselben Mitarbeitern verfassen, sondern sorgen Sie dafür, dass immer wieder andere Kollegen zu Wort kommen.
- Zwingen Sie den Autoren keine Themen auf. Sie sollen frei wählen können, worüber sie schreiben.
- Stellen Sie Restaurants vor.
- Kinotipps und Filmbesprechungen sind immer ein Erfolg.
- Knifflige Aufgaben (Kreuzworträtsel, Sudoku), die das Gehirn trainieren, werden gerne gelöst.
- Gesundheitstipps und Kochrezepte erfreuen sich großer Beliebtheit.
- Ein guter Witz oder ein Cartoon lockert den Inhalt auf.
- Sportliche Themen sind für die meisten Mitarbeiter von Interesse.
- Interviews mit Mitarbeitern werden ebenfalls gerne gelesen.
- Bringen Sie zu verschiedenen Themen Tipps von Experten ein, die nicht zum Unternehmen gehören. Ich selbst schreibe regelmäßig für die Leser einiger Zeitungen und Zeitschriften und gebe Tipps zum Thema Erfolg.
- Schaffen Sie Platz für Experimente.

Freuen Sie sich auf die positiven Reaktionen Ihrer Mitarbeiter und fordern Sie sie auf, Beiträge für den Newsletter zu liefern.

38

Sie haben die Wahl

Eine Seminarteilnehmerin erzählte mir die folgende Geschichte:

»Eine meiner Arbeitskolleginnen begrüßte uns jahrelang täglich mit einem fröhlichen ›Einen wunderschönen guten Morgen, ihr Lieben!‹ Wie in anderen Firmen auch sind meine Kolleginnen und ich manchmal nicht besonders gut drauf. Mal hat jemand ein Problem mit dem Partner, ein anderes Mal geht einer Kollegin wieder einmal lange vor Monatsende das Geld aus, ein Kind oder ein Elternteil ist krank oder die Migräne plagt mich heute schon wieder.

Die positive Stimmung unserer Kollegin wirkte so ansteckend auf uns alle, dass sich unsere Stimmung trotz unserer Probleme wesentlich aufhellte und wir auch wieder lachen konnten. Kam sie einmal nicht zur Arbeit, vermissten wir die allmorgendliche Aufmunterung. Diese Frau hatte anscheinend nie ein Problem, schien immer gesund und rundum glücklich zu sein. ›So etwas gibt's doch gar nicht!‹, dachte ich, da ich einfach nicht glauben konnte, dass das Leben einem Menschen nur die Sonnenseite zeigt.

Auf meine Frage, ob bei ihr immer alles glattlaufe, weil sie immer gute Laune zu haben scheint, antwortete sie: ›Oh doch, ich habe eine ganze Menge Probleme. Mein Mann ist depressiv, das Geld langt auch nie, und zu allem Überfluss hat man bei mir Brustkrebs diagnostiziert. Nächste Woche werde ich operiert.‹

›Ich verstehe nicht, wie du es trotz deiner Probleme schaffst, so eine positive Lebenseinstellung zu haben und andere damit anzustecken‹, sagte ich. ›Das ist ganz einfach‹, entgegnete sie, ›jeden Morgen, wenn ich aufwache, sage ich mir: Maria, du hast heute zwei Möglichkeiten. Du kannst dich entscheiden, gut gelaunt zu sein oder schlechte Laune zu haben. Ich entscheide mich jeden Morgen für die gute Laune. Und wenn ich einmal etwas Negatives erlebe, habe ich ebenfalls die Möglichkeit zu wählen: Sehe ich mich als Opfer oder will ich aus der Sache etwas lernen? Ich entscheide mich dann für Letzteres und versuche, dieser Erfahrung etwas Positives abzugewinnen. Es ist nicht leicht, mit einem depressiven Menschen zusammenzuleben. Ich kann auch hier entweder mit meinem Schicksal hadern und in die Opferrolle schlüpfen und jammern, warum das gerade mir passiert. Oder ich kann daraus lernen, wie man mit extrem schwierigen Situationen umgeht. Ich entscheide mich jedes Mal fürs Lernen. Mein Brustkrebs könnte auch mich stark herunterziehen und mit meinem Schicksal ringen lassen und mich glauben machen, nicht wieder gesund zu werden. Ich habe mich aber entschieden, gesund zu werden.‹

›Ich glaube dir, aber ist es nicht unheimlich schwer?‹, fragte ich. ›Du hast recht‹, meinte Maria, ›aber in unserem Leben geht es immer um Entscheidungen. Jede Situation zwingt uns, einen Entschluss zu fassen. Wir haben die Wahl und können uns in vielen Situationen quasi aussuchen, wie wir reagieren möchten. Jeder von uns kann jederzeit entscheiden, ob er seine Zeit gut oder schlecht gelaunt verbringt. Wir bestimmen selbst, wie wir unser Leben leben. Ich habe mich für das Positive entschieden.‹

Maria arbeitet nicht mehr in unserer Firma. Sie ist mit ihrer Familie in eine andere Stadt gezogen. Den Krebs hat sie, Gott sei

Dank, überwunden. Ihr Mann ist immer noch depressiv. Und ich habe gelernt, mich jeden Morgen aufs Neue für gute Laune zu entscheiden. Heute bin ich es, die die Kolleginnen mit ›Einen wunderschönen guten Morgen, ihr Lieben!‹ begrüßt. Und ich fühle mich wunderbar dabei!«

Das sollten Sie tun:

Wenn Sie sich dabei ertappen, lustlos oder deprimiert zu sein, entscheiden Sie sich dafür, das Beste rauszuholen. Sie haben die Wahl, den Tag als trist oder schön und bereichernd zu erleben. Entscheiden Sie sich!

39

Wie kundenorientiert sind Sie?

Können Sie sich noch daran erinnern, wie es war, als Sie das letzte Mal mit einem Taxi gefahren sind? Nein? Dann stellen Sie sich vor, es ist folgendermaßen abgelaufen: Das Taxi ist verbeult und sieht aus, als ob es mehrere Jahre nicht gereinigt worden sei. Der Fahrer ist muffelig und unfreundlich. Der Geruch im Taxi ist eine Mischung aus abgestandenem Rauch, Currywurst und mangelhafter Körperpflege, Sitze und Boden sind völlig verdreckt. Ein dicker Grauschleier bedeckt Windschutzscheibe und Fenster, so dass man sich wundert, wie der Fahrer überhaupt noch etwas erkennt. Er flucht und schimpft über die anderen Verkehrsteilnehmer, ohne darüber nachzudenken, dass sein Fahrgast ihn hören kann. Am Ziel angekommen, geben Sie ihm kein Trinkgeld, denn Sie wollen nur noch raus.

Und jetzt stellen Sie sich folgende Taxifahrt vor: Das Taxi sieht aus, als käme es frisch aus der Waschanlage. Der Fahrer springt heraus und öffnet die Türe, um Sie einsteigen zu lassen. Das Innere ist sauber und gepflegt, der Fahrer höflich und freundlich. Es ist ein heißer Tag. Er fragt Sie, auf welche Temperatur er die Klimaanlage einstellen soll, ob Sie einen bestimmten Radiosender bevorzugen oder lieber keine Musik hören wollen und ob Sie eine der Tageszeitungen, die auf dem Beifahrersitz liegen, lesen möchten. Er fährt zügig, aber nicht rasant, flucht nicht und wirkt sehr kultiviert. Am Ziel angekommen, hält er Ihnen wieder die Wagentüre auf, lässt Sie aussteigen, verabschiedet sich mit einem freundlichen Lächeln und wünscht Ihnen noch einen schönen Tag.

Mit welchem Taxi wären Sie lieber gefahren? Sicher mit dem zweiten, oder? Die Amerikaner sprechen von »service minded«, wenn sich ein Unternehmen und seine Mitarbeiter kundenorientiert verhalten. Heutzutage werden Produkte und Dienstleistungen einander immer ähnlicher. Der Lieferant ist austauschbar geworden, die Kunden sensibel. Passt nach langen Jahren der Zusammenarbeit eine Kleinigkeit nicht, werden oft gut funktionierende Geschäftsbeziehungen einfach abgebrochen und vergessen. Somit ist ein an Kunden orientiertes Verhalten zu einem wichtigen Faktor geworden.

Das sollten Sie tun:

Überprüfen Sie, ob sich Ihr Unternehmen und alle Beschäftigten so verhalten, dass Sie gerne in dieses »Taxi« einsteigen und mit ihm fahren würden.

Wenn Sie der Meinung sind, es ist alles wunderbar, besprechen Sie trotzdem mögliche Punkte, die Sie alle eventuell noch verbessern könnten. Gehen Sie davon aus, dass Sie und Ihre Kollegen eine Reihe guter Ideen produzieren werden, denn Optimierungsbedarf besteht immer irgendwo.

Möchten Sie in das Taxi »Unsere Firma« nicht gerne einsteigen, sollten Sie schleunigst nach Wegen suchen, dies zu ändern. Sie können Kreativmeetings einberufen oder einen Ideenwettbewerb starten. Sie können aber auch Ihre Kunden befragen, in welchen Bereichen der Service Ihrer Firma ihrer Meinung nach noch verbessert werden kann.

Service minded bedeutet nicht nur, dass Sie einen guten Bestell- und Lieferservice bieten oder einen guten Reparaturservice. Service minded geht weit darüber hinaus. Es bedeutet Hilfsbereitschaft und Freundlichkeit genauso wie höfliches Mahnen, wenn ein Kunde einmal eine Rechnung nicht pünktlich bezahlt. Es bedeutet aber vor allem auch, dass der Kunde das Gefühl hat, dass alle, die in diesem Unternehmen arbeiten, sich freuen, für ihn da zu sein. Das wäre an sich normal und sollte man auch erwarten können, denn schließlich leben wir von unseren Kunden.

40 Die Humorkiste

Der Vorstandsvorsitzende eines großen internationalen Unternehmens sagte mir vor einiger Zeit: »Immer, wenn ich durch die Büros gehe, werde ich das Gefühl nicht los, dass den Leuten das Arbeiten bei uns keinen Spaß macht. Das beunruhigt mich, denn ich weiß, dass sich viele Mitarbeiter auf die Suche nach neuen Herausforderungen begeben, wenn die Arbeit keine Freude mehr bereitet und das Betriebsklima schlecht ist. Ich möchte mich aber über fröhliche, optimistische Mitarbeiter freuen, wenn ich meinen Rundgang mache. Haben Sie Verbesserungsvorschläge, Herr Kinauer?« Ich hatte.

Unter anderem riefen wir die Aktion »Die Humorkiste« ins Leben. Diese Maßnahme kam bei der Belegschaft sehr gut an. Sie hat den Vorteil, dass sie überall funktioniert. Und ihr größter Nutzen überhaupt ist der Spaß, den das Befüllen und Gestalten der Humorkiste macht, und das anschließende Spielen mit den Inhalten, das keinen Vorgaben folgt.

Das sollten Sie tun:

Gehen Sie mit offenen Augen durchs Leben und halten Sie nach humorvollen Dingen und Ideen Ausschau. Sammeln Sie lustige Plakate, Texte, Smileys aus Papier, Aufkleber, Fotos, Bilder, Kalendersprüche, Video- und Audioclips wie z. B. Szenen, die mit versteckter Kamera aufgenommen wurden, Zeichnungen, Spiele,

Rätsel, Plüschtiere, Bauklötze, Puzzles, Zeitschriften, Kinderspielzeug, Farbstifte, Stoffreste – einfach alles, von dem Sie glauben, dass es in eine Humorkiste gehört. Legen Sie Klebeband und Klebstoff dazu, eine Rolle Packpapier und eine Schere.

Geben Sie alles zusammen in einen großen Karton und stellen Sie diesen an einen Platz, zu dem alle Zugang haben. Jetzt können alle, die möchten, spielen, basteln, zeichnen, malen, etwas produzieren, das sie an die Wand hängen oder irgendwo aufstellen.

Für Vorgesetzte:

Lassen Sie zu, dass Ihre Mitarbeiter spielen. Der Spaß erhöht die Arbeitsfreude und damit die Produktivität in einem Ausmaß, das Sie sich gar nicht vorstellen können. Die paar Minuten Arbeitszeit, die dabei verloren gehen, stehen in keinem Verhältnis zum Gewinn! Zeigen Sie Mut zu ungewöhnlichen Maßnahmen!

41 Seien Sie präsent

Ein Mann kommt abends müde von der Arbeit nach Hause, setzt sich auf die Couch und schaltet den Fernseher ein. Seine beiden Kinder, die Stunden darauf gewartet haben, dass der Vater nach Hause kommt, setzen sich zu ihm und erzählen begeistert, was sie an dem Tag so alles erlebt haben. Der Vater grunzt hin und wieder zustimmend, eigentlich konzentriert er sich aber auf die Fernsehsendung. Nach ein paar Minuten ruft die kleine Tochter entrüstet: »Papa, du hörst doch überhaupt nicht zu!« »Doch, doch!«, beeilt sich der Vater zu beschwichtigen, aber die Kleine ist bereits enttäuscht aus dem Zimmer gelaufen.

Zwei Stunden später – es läuft gerade ein spannender Krimi –, die Kinder liegen bereits im Bett. Seine Frau setzt sich zu ihm auf die Couch und berichtet von den Vorkommnissen in Schule und Kindergarten. Plötzlich hört sie auf zu sprechen und sagt wie ihre Tochter zwei Stunden zuvor: »Du hörst mir ja gar nicht zu! Du bist so auf den Fernseher fixiert, dass dir alles andere egal ist.« Entrüstet antwortet der Mann: »Aber natürlich höre ich dir zu!«

Sie sitzen im Büro und arbeiten am PC. Das Telefon klingelt, Sie heben ab, melden sich, hören zu und konzentrieren sich aber weiter auf das, womit Sie bereits vor dem Anruf beschäftigt waren. Genau genommen richten Sie Ihre Aufmerksamkeit ausschließlich auf die Arbeit am Rechner. Der Telefonanruf ist für Sie eine lästige Unterbrechung. Sie hören angeblich zu und geben automatisch und zerstreut Antwort, während Sie weiterarbeiten. Nachdem Sie den Hörer aufgelegt haben, wissen Sie nicht einmal mehr, wer gerade eben angerufen hat – geschweige denn, was der Anrufer genau wollte. »Peinlich«, werden Sie denken, »passiert mir nie!« Sind Sie da ganz sicher? Eben!

Ebenso verhält es sich mit einem Kollegen, der in Ihr Büro kommt, um Ihnen etwas zu erzählen. Sie hören nach außen hin zu, während Sie weiterarbeiten. Nachdem er gegangen ist, fragen Sie sich, was er eigentlich von Ihnen wollte.

Ein Restaurantbesucher stellt dem Kellner, der an den Tisch kommt, um die Bestellung aufzunehmen, eine Frage. Dieser hört dem Gast aber nur scheinbar aufmerksam zu, da er keinen Blickkontakt zu ihm hat. Er ist nämlich mit Augen und Ohren beim Geschehen am Nebentisch. Minuten später kommt er mit einem entschuldigenden Lächeln zurück, da er Teile der Bestellung vergessen hat.

Ein Patient erzählt seinem behandelnden Arzt, welche Beschwerden er hat. Dieser sieht ihn aufmerksam an, nickt hin und wieder und wiegt den Kopf in Gedanken versunken hin und her. Als der Patient fragt, was er denn tun solle, schrickt der Arzt auf und bittet den Patienten, ihm die Geschichte noch einmal zu erzählen. Er habe gerade an einen »sehr schwierigen« Fall gedacht und daher nicht alles mitbekommen. Der »sehr schwierige« Fall war in Wirklichkeit die Gästeliste für die nächste Abendeinladung.

Ganz ähnliche Szenen spielen sich im Einzelhandel ab, im Verkaufsaußendienst oder in einem Restaurant, wo man Ihnen das falsche Essen bringt. Die Betroffenen sind zu Recht verärgert, frustriert und enttäuscht. Wir alle haben schon einmal die Erfahrung gemacht, dass man uns zu wenig Aufmerksamkeit schenkt. Niemand hört mehr wirklich zu. Die Menschen sind zwar körperlich anwesend, mit ihren Gedanken aber ganz woanders. Anders ausgedrückt: Wir sind nicht präsent.

Das sollten Sie tun:

- Lassen Sie sich auf Ihre Mitmenschen auf die Art ein, wie Sie es selbst gerne hätten und von anderen erwarten.
- Schalten Sie das Radio oder den Fernseher aus und bitten Sie

Ihren Anrufer um Rückruf, sollten Kollegen, Kinder oder Ihr Partner Ihre volle Aufmerksamkeit dringend benötigen.

- Hören Sie auf, am PC zu arbeiten, wenn das Telefon läutet oder jemand Ihr Büro betritt. Konzentrieren Sie sich ausschließlich auf den Anrufer oder den Besucher.
- Wenn jemand seine Leidensgeschichte erzählt, hören sie aufmerksam zu und vergessen zumindest für den Augenblick Ihre persönlichen Belange.
- Hören Sie grundsätzlich gut zu, damit Sie einem Kunden das Richtige verkaufen, einer Klientin den richtigen Rat geben und einem Patienten die richtige Therapie verordnen.

Hat schon einmal jemand zu Ihnen gesagt: »Sie haben mich falsch verstanden!«? Wahrscheinlich gibt es niemanden, dem das noch nicht passiert ist. Damit Ihnen dies nicht noch einmal vorgeworfen wird, sollten Sie lernen, präsent zu sein und aktiv zuzuhören! Das ist gar nicht so schwierig, wie es klingt. Aktiv zuhören bedeutet, dass Sie zunächst einmal Ihren Gesprächspartner ansehen. Des Weiteren schließt aktives Zuhören bestätigende Laute und Bemerkungen ein wie »Aha« oder »Das ist ja interessant«. Damit signalisieren Sie Ihrem Gegenüber, dass Sie wirklich zuhören.

Sobald Ihr Gesprächspartner zu Ende geredet hat, wiederholen Sie das, was er gesagt hat, mit Ihren eigenen Worten. Diese Technik heißt »Paraphrasing«, die folgendermaßen funktioniert: Mit der Aussage »Wenn ich dich richtig verstanden habe, verhält sich die Sache soundso …« vermeiden Sie im Vorfeld Missverständnisse. Jedes Mal, wenn Ihre Zusammenfassung nicht dem entspricht, was Ihr Gesprächspartner gesagt hat, werden Sie von ihm korrigiert. Ihr Gegenüber bekommt dadurch das Gefühl, dass Sie sich wirklich mit ihm und seinem Problem auseinandersetzen. Hierbei handelt es sich um echte Streicheleinheiten für sein Selbstbewusstsein! Diese Strategie bietet sich ebenfalls an bei Telefonaten, schriftlichen Korrespondenzen, im Rahmen eines Verkaufsgesprächs, beim Arztbesuch oder auch zu Hause in der Familie.

Erwartet man von Ihnen Vorschläge zur Lösung eines Problems, so gewinnen Sie durch die Wiedergabe in eigenen Worten Zeit zum Nachdenken. Und diese paar Sekunden sind manchmal sehr hilfreich für eine Argumentation. Paraphrasieren Sie, innerhalb kürzester Zeit sind Sie einer der beliebtesten und besten Zuhörer. Beginnen Sie gleich im nächsten Gespräch, diese Fähigkeit zu trainieren!

42

Was Sie für Ihre Kunden tun können

Spitzenköche bieten Kochkurse an. Restaurants und Vinotheken machen innerhalb kürzester Zeit blutige Laien zu profunden Weinkennern. Fragen wie: »Welche Varianten gibt es beim Falten von Servietten?«, »Welches Glas für welches Getränk?« oder »Wann nimmt man den Platzteller vom Tisch?« werden in Workshops und Seminaren zum Thema »Benimm und Etikette« angeboten. Banken engagieren Typberater und bieten ihren Beschäftigten die Möglichkeit, ihr Wissen zum Thema Umgangsformen zu erweitern. Das eine oder andere Mal kommt auch ein Kabarettist ins Haus, um die treue Kundschaft zu unterhalten.

Viele Firmen verfügen mittlerweile über einen betriebseigenen Kindergarten. In einer Reihe von Geschäften und Malls gibt es Spielecken speziell für die Kleinen, wo diese sich ein paar Stunden aufhalten können, damit ihre Eltern in Ruhe einkaufen können. Und es gibt darüber hinaus Cafés, in denen Frauen ihre Männer während des Einkaufens »abgeben« können.

Parfümerien bieten Kurse an, die das Schminken für jeden Anlass vermitteln. Elektrofachgeschäfte und Einrichtungshäuser lassen sich ebenfalls viel einfallen, um neue Produkte einzuführen und potenziellen Kunden schmackhaft zu machen.

Andere Firmen wiederum schicken ihren Kunden Fotos von den Mitarbeitern, die sie betreuen, und bitten sie herauszufinden, wer denn ihr Ansprechpartner im technischen Support ist oder welche der abgebildeten Kolleginnen ihre Bestellungen entgegennimmt. Den Gewinnern winken kleine Preise. Zeichen- und Malkurse, Jonglieren, Karaoke-Wettbewerbe, Blumenbinden, Anfertigen kreativer Tischdekorationen oder Crashkurse für Handybenutzer sind genauso im Programm wie Vernissagen, bei denen Kunden ihre Kunstwerke ausstellen können. Museen bieten Kindern an, sich als Prinz, Prinzessin, Hofdame oder Feldherren zu verkleiden. Es gibt passende Kostüme und es besteht die Möglichkeit, sich schminken zu lassen. In Arztpraxen verkürzt ein breites Sortiment an Zeitschriften und Magazinen die Wartezeit und im Landgasthaus gibt es einen Streichelzoo, der Kindern das Warten auf das Essen erträglicher macht.

Die Liste der Möglichkeiten, auf Kunden und deren Nachwuchs einzugehen und ein deren Bedürfnissen entsprechendes Programm, ist beinahe endlos und sehr vielfältig. Wir leben heute in einer Erlebnisgesellschaft, die für jeden die passende Zerstreuung bietet. Der Kunde ist mehr als König, und es soll ihm Spaß machen, sich in einem bestimmten Umfeld – ob Geschäft, Restaurant oder Hotel – aufzuhalten. Und schließlich tragen diese neuen Formen der Kunden- und Serviceorientiertheit mittlerweile in erheblichem Maße dazu bei, dass mehr konsumiert und verkauft wird.

Das sollten Sie tun:

Gibt es in der Firma, in der Sie arbeiten, ein speziell auf Ihre Kunden zugeschnittenes Programm? Falls nicht, werden Sie aktiv, setzen Sie sich mit Ihrem Vorgesetzten und Ihren Kollegen zusammen, um neue Ideen zu entwickeln, die Ihr Unternehmen von dem bereits bestehenden Angebot abgrenzt! Erhöhen Sie gemeinsam den Erlebniswert, der Kunden langfristig an Ihr Geschäft bindet.

43

Die Unfallquote senken

Immer wieder klagen Sicherheitsbeauftragte von Betrieben, dass viele Arbeitsunfälle nicht passiert wären, wenn die Mitarbeiter die Sicherheitsvorschriften gekannt und beachtet hätten. Unwissenheit ist also ein großes Problem: Sicherheitsvorschriften liegen ungelesen in Schubladen oder hängen traurig am Schwarzen Brett.

Erst nachdem ein Unfall passiert ist, erinnert man sich, dass es ein Regelwerk gibt und es irgendwo sein müsste. Die Quizfrage lautet dann: Wo befindet es sich nur? Der Sicherheitsbeauftragte trommelt schließlich die gesamte Belegschaft zusammen und trägt die einzelnen Paragrafen in der Hoffnung vor, dass die Vorschriften von jetzt an endlich allen Leuten bewusst sind. Dies geht so lange gut, bis der nächste Unfall passiert.

Das sollten Sie tun:

Wer lernt schon gerne trockene Vorschriften und Regeln, die darüber hinaus meistens mit Paragrafen unterfüttert in unverständlichem Juristendeutsch verfasst sind? Sicher kaum einer, oder kennen Sie jemanden? Wenn schon gelernt werden muss, dann soll es wenigstens Spaß machen! Und dies ist eine ganz berechtigte Forderung. Haben Sie schon einmal Günther Jauchs *Wer wird Millionär* oder Armin Assingers *Millionenshow* im Fernsehen mitverfolgt? Vermutlich hat jeder von uns irgendwann einmal zumindest ein paar Minuten zugesehen. Warum machen Sie also aus den firmeninternen Sicherheitsvorschriften nicht Ihre eigene »Millionenshow«? Zugegeben, das ist mit ein wenig Aufwand verbunden, aber es lohnt sich. Außerdem macht das Lernen auf diese Art viel mehr Spaß und die Behaltensquote wird wesentlich höher sein.

Letzten Endes werden Sie die Erfahrung machen, dass die Unfälle mit Hilfe dieser neuen Lerntechnik innerhalb kürzester Zeit drastisch zurückgehen.

44

Bitte nicht stören

Sie arbeiten in einem Büro. An manchen Tagen macht es Ihnen nichts aus, wenn Sie bei der Arbeit gestört werden. Aber es gibt auch Momente, in denen Sie lieber nicht unterbrochen werden möchten. Wie aber sollen die Kollegen wissen, in welcher Stimmung Sie sich gerade befinden? Sind Sie gerade mit etwas beschäftigt, das Ihre ganze Konzentration erfordert, oder nicht? Meistens jedoch geschehen Störungen oder das Eindringen in unsere Privatsphäre zum falschen Zeitpunkt.

Das sollten Sie tun:

Besorgen Sie sich drei runde Scheiben aus dünnem Karton in den Farben Rot, Grün und Gelb. Am einfachsten ist es, wenn Sie sich Pinnwand-Kärtchen organisieren. Diese runden Scheiben gehören zur Standardbestückung eines jeden Moderatorenkoffers. Sollten Sie keinen Moderatorenkoffer haben, nehmen Sie einfach verschiedenfarbige Pappe, die Sie zurechtschneiden.

Bringen Sie das rote Kärtchen an Ihrer Bürotür an, heißt das, dass Sie im Augenblick nicht gestört werden wollen. Das gelbe Kärtchen bedeutet »Vorsicht« und Grün »Hereinspaziert!«. Sie können aber auch drei runde Kärtchen mit Smileys bemalen, von denen einer lacht und ein anderer ernst dreinschaut. Dem dritten Smiley verleihen Sie herabhängende Mundwinkel. Je nach Stimmungslage platzieren Sie den entsprechenden Smiley an Ihrer Tür.

So werden Sie zum Powerteam

45

Viele Menschen arbeiten heutzutage in einem Team. Manchmal haben alle Teammitglieder einen guten Tag und sind voller Energie. Es kommt aber auch vor, dass einige von ihnen einen nicht ganz so guten Tag haben und nur schlecht zu motivieren sind. Es gilt die goldene Regel, dass ein Team immer so stark ist wie sein schwächstes Glied. Das bedeutet, dass die Gruppe an manchen Tagen sehr schlagkräftig ist, an anderen eher weniger. Das ist schade, denn im Grunde genommen wollen alle den Erfolg.

Das sollten Sie tun:

Haben Sie schon einmal eine Fußballmannschaft vor dem Spiel beobachtet? Die Spieler stellen sich im Kreis auf, stecken die Köpfe zusammen und sagen einander mit einem breiten Lächeln, dass sie heute gewinnen werden, und sie machen sich bewusst, dass sie ein unschlagbares Team sind.

Machen Sie es wie die Fußballspieler. Stellen Sie sich jeden Morgen kurz vor Arbeitsbeginn mit Ihren Teamkollegen zusammen (bilden Sie einen Kreis, wenn das Team groß genug ist) und sagen Sie einander, dass Sie ein unschlagbares Team sind und dass Sie heute einen erfolgreichen Tag erleben werden.

Manchmal kommt es aber trotzdem ziemlich dick, da einfach nichts läuft, wie es laufen soll. Verzweifeln Sie nicht, denn auch hier können wir wieder von Fußballteams lernen. Stellen Sie sich für einen kurzen Augenblick zusammen und machen Sie wie die Fans im Stadion die sogenannte La-Ola-Welle. Vergessen Sie nicht, dabei zu lächeln und nach Möglichkeit sogar zu lachen. Jetzt dürfte dem Erfolg Ihres Powerteams nichts mehr im Wege stehen!

46

Spielend lernen – mehr wissen und behalten

Vielleicht sind Sie Lehrer und arbeiten mit Kindern und Jugendlichen. Möglicherweise sind Sie auch Kommunikations-, Management- oder Verkaufstrainer. Vielleicht sind Sie ja Coach oder als Ausbilder und Mentor in Ihrer Firma tätig. Dann wissen Sie wahrscheinlich schon, dass immer mehr Lehrer, Trainer und Ausbilder beklagen, dass die Behaltensquote der vermittelten Inhalte sowohl in der Schule als auch in der Erwachsenenbildung sehr niedrig ist. Und wahrscheinlich wissen Sie längst, wovon ich spreche.

»Wofür mache ich mir eigentlich die Mühe, wenn ohnehin alles wie ein Eiskaffee konsumiert wird?«, fragen sich viele frustriert. Vielleicht möchten Sie ja, dass dieser Satz fortan nicht mehr auf Ihre Lerngruppe zutrifft und insbesondere die Aufmerksamkeit und damit die Behaltensleistung Ihrer Schüler, Studenten oder Seminarteilnehmer merklich erhöhen?

Das sollten Sie tun:

Besorgen Sie sich ein Kartenspiel (Rommé oder Canasta), das aus zwei Päckchen mit je 55 Spielkarten besteht. In dem einen Paket sind Karten mit roter, im anderen mit blauer Rückseite. Nehmen Sie einen Stapel mit und setzen Sie ihn in Ihrem Seminar, Unterricht oder Vortrag ein.

So gehen Sie vor:

Bevor Sie loslegen, ziehen alle Anwesenden eine Karte aus dem Stapel, und jeder notiert sich den Wert und die Spielfarbe der von ihm gezogenen Karte auf einem Zettel. Dann legt er diese wieder zurück auf den Stapel. Mischen Sie das Kartenspiel gut durch. Anschließend gehen Sie zum eigentlichen Inhalt der Stunde über. Am Ende jeder Vortrags- bzw. Unterrichtseinheit stellen Sie Fragen zu den Dingen, die Sie referiert und erklärt haben. Das sollte allerdings nicht zu lange dauern, zehn Minuten reichen.

Jeder Teilnehmer, der eine Frage richtig beantwortet hat, darf aus dem Stapel eine Karte ziehen. Je öfter sich jemand meldet und die richtige Antwort weiß, umso mehr Spielkarten kann er sammeln. Jetzt kommt der Clou: Zieht jemand zufällig dieselbe Karte, die er zu Beginn der Stunde gezogen hat, erhält er ein kleines Geschenk wie etwa eine CD, ein Taschenbuch, eine kleine Tafel Schokolade oder einen Gutschein für ein Eis. Sie werden die Erfahrung machen, dass alle mit großer Begeisterung mitmachen. Das vermittelte Wissen lässt sich besser einprägen und abrufen, da Sie einen attraktiven Anreiz geschaffen haben, sodass sich alle mehr anstrengen. Vergessen Sie aber nicht, zu Beginn der Stunde auf die Belohnung hinzuweisen.

47

Fragen Sie

Im Verkauf ist die Fragetechnik eine der wichtigsten Techniken überhaupt. Obwohl diese Tatsache allgemein bekannt ist, wird im Verkaufsgespräch aber viel zu wenig gefragt. Viele Angestellte preisen ihre Produkte und Dienstleistungen mehr oder weniger begeistert an und machen sich wenig Gedanken darüber, ob damit die Bedürfnisse des Kunden befriedigt werden oder nicht. Hauptsache, der Kunde kauft. Wenn Sie wollen, dass Ihre Mitarbeiter die Fragetechnik häufiger einsetzen als bisher, versuchen Sie es einmal mit folgender Technik.

Das sollten Sie tun:

Geben Sie jedem Verkaufsmitarbeiter zehn Ein-Euro-Münzen. Das Spiel dauert einen, maximal zwei Tag(e) und kann beliebig oft wiederholt werden. Die Aufgabe besteht darin, auf jede Frage, die man an einem Tag von einem Kollegen gestellt bekommen hat, mit einer sinnvollen Gegenfrage zu kontern. Alle sind somit aufgefordert, ihren Kolleginnen und Kollegen immer wieder Fragen zu stellen. Fällt der Person, die am Zug ist, keine Gegenfrage ein, muss sie ihrem Fragesteller einen Euro zahlen.

Sie werden sehen, dass es unheimlich Spaß macht, auf diese Art und Weise Kollegen und Vorgesetzten einen Euro nach dem anderen abzuknöpfen.

48 Spielen ausdrücklich erwünscht

In Wien findet jeden Herbst eine große Spielwarenmesse statt, die von Erwachsenen und Kindern regelrecht überrannt wird. Eine Besonderheit dieser Ausstellung ist, dass es erlaubt ist, mit allem, was präsentiert wird, zu spielen. Angefangen beim Kleinkind über Jugendliche, die eher für Computerspiele zu haben sind, bis hin zu Erwachsenen, die eine große Vorliebe für Strategiespiele haben, ist für jeden etwas dabei. Es darf auch alles ausprobiert werden. Als Besucher wird man ständig aufgefordert und animiert, es doch selbst einmal zu versuchen, anstatt immer nur zuzusehen. Die Begeisterung der kleinen und großen Besucher ist enorm.

Wurden Sie oder hat man Ihre Kinder irgendwann einmal in einem Spielwarengeschäft aufgefordert zu spielen? Ich kann mich nicht daran erinnern. Und das obwohl der uralte Grundsatz »Anfassen ist halb verkauft!« immer noch gültig zu sein scheint. Wenn ich selber nämlich Gelegenheit habe, mit einem Spiel zu spielen und mich damit zu beschäftigen, ist die Wahrscheinlichkeit groß, dass ich es kaufe.

»Anfassen ist halb verkauft« funktioniert problemlos in den meisten Branchen. Aus Spielen oder Anprobieren wird dann Probieren, Kosten, Probe fahren, sitzen oder liegen und Testen im weitesten Sinne. Aber zurück zum Spielwarengeschäft: Sie wollen höhere Gewinne und aus Besuchern Kunden machen?

Das sollten Sie tun:

Schaffen Sie möglichst viel Platz für eine Spielfläche. Manche Spiele kann man auf dem Fußboden spielen, für andere braucht man einen Tisch, besorgen Sie also eine ausreichende Stückzahl und schaffen Sie Sitzgelegenheiten. Stehtische eignen sich ebenfalls für die eine oder andere Aktivität. Verteilen Sie Spiele für jede Altersgruppe in dem vorgesehenen Raum, auf der bereitgestellten Fläche. Erwachsene spielen ebenso gerne wie Kinder, Sie werden überrascht sein. Ob eine elektrische Eisenbahn, Gesellschaftsspiele, Puppen oder das populäre Formel-1-Rennen auf der Spielkonsole: Es wird die Augen von Groß und Klein zum Leuchten bringen. Informieren Sie die Hersteller über Ihr Vorhaben, denn diese werden Sie gerne unterstützen. Schließlich machen Sie Ihren Kunden eine große Freude, die den Absatz wiederum positiv beeinflussen wird.

Sorgen Sie dafür, dass sich Ihre Verkäufer laufend um die kleinen und großen Gäste kümmern und sofort zur Stelle sind, wenn jemand ein Spiel noch nicht kennt oder mit der Handhabung eines Gerätes nicht zurechtkommt.

Jetzt brauchen Sie noch eine Kamera und einen großen Bildschirm oder eine Leinwand. Stellen Sie die Leinwand oder den Bildschirm gut sichtbar vor dem Geschäft oder im Schaufenster auf. Filmen Sie dann die Leute beim Spielen und zeigen Sie die Aufnahmen auf dem Bildschirm oder projizieren Sie diese mit Hilfe eines Beamers auf die dafür vorgesehene Fläche. Optimalerweise sollte die Kamera so positioniert werden, dass sie verschiedene Einstellungen wiedergibt. So sind alle Spieler zu sehen und ein umfassendes Bild des Geschehens wird nach draußen übertragen.

Sollte die Lage Ihres Geschäfts nicht sehr zentral sein, so sollten Sie herausfinden, ob es möglich ist, Bildschirm oder Leinwand an einer stark frequentierten Stelle oder an einem prominenten Platz aufzustellen, sodass möglichst viele Passanten auf das Spielvergnügen in Ihrem Laden aufmerksam werden. Blenden Sie unten im Bild ein, wo man Ihr Geschäft findet. Sie werden sehen, dass die Zahl der Besucher und auch ihre Verweildauer in Ihrem Laden größer bzw. länger werden. Durch diese Aktion erhöhen sich die Verkaufschancen und Sie werden letztendlich wesentlich mehr umsetzen.

49 Anerkennung motiviert

Lob und Anerkennung gehören zu den stärksten, aber leider viel zu selten genutzten Motivationsmöglichkeiten. Sie sind es aber, die die Wahrscheinlichkeit, dass die vorausgegangene Handlung wiederholt wird, wie kaum etwas anderes erhöhen. Darüber hinaus steigern positive und aufbauende Rückmeldungen die Leistung insgesamt und sind somit die beste Basis für den Erfolg eines Unternehmens.

Daneben steckt in Erwachsenen – egal wie alt sie sind – ihr Leben lang ein Kind. Das heißt, das Bedürfnis nach Anerkennung, Akzeptanz, Spaß und Spiel hört nie auf – niemand wird in der Hinsicht »erwachsen«. Wenn nun unser Arbeitgeber uns die Möglichkeit gibt, ein Leben lang das Kind in uns herauszulassen, verfügen wir über viel mehr Power, Enthusiasmus und Energie, die wir in Leistung umwandeln können. In Kombination mit der Anerkennung dessen, was wir auf die Beine stellen, ist dies ein unschätzbarer Wert: Haben wir einen Job, der uns Spaß macht, üben wir eine Tätigkeit aus, die uns motiviert, und können wir uns wie ein Kind begeistern, so ist ein Lob das Tüpfelchen auf dem i. Warum loben wir also nicht häufiger?

Das sollten Sie tun:

Lebensmittelgeschäfte wie etwa Supermärkte, Bäckereien, Metzgereien, Konditoreien, Obst- und Gemüseläden verkaufen samstags die Waren, die bis Montag verdorben sein würden, zum reduzierten Preis. Manchmal werden die Lebensmittel sogar verschenkt. Eine schöne Sache und Form der Anerkennung ist es, diesen Erlös nicht in die Ladenkasse fließen zu lassen, sondern zu sammeln und damit ein Sommerfest oder einen Betriebsausflug zu finanzieren. Dies hat zwei Vorteile: Die Arbeit der Verkäufer wird honoriert und es muss weniger Ware vernichtet werden.

Krankenstände sind unvermeidbar. In manchen Fällen ist ein Mitarbeiter leider über mehrere Wochen außer Gefecht gesetzt. Die wenigsten Unternehmen stellen für diese Zeit jemanden ein, der die Arbeit des Erkrankten erledigt. Das, was zu tun ist, wird entweder auf mehrere Kollegen verteilt oder eine Mitarbeiterin muss die Arbeit des kranken Kollegen übernehmen – was nicht selten eine Doppelbelastung extremen Ausmaßes ist. Ungerechterweise wird meist das Gehalt nicht angepasst und die Leistung, Arbeit für zwei zu erledigen, weder registriert noch positiv erwähnt. Wie wir wissen, ist Anerkennung aber für jeden Beschäftigten unabdingbar. Als Zeichen der Wertschätzung bietet es sich in diesem Fall an, dem Menschen, der eingesprungen ist und zusätzliche Arbeit übernommen hat, eine schön gestaltete, aussagekräftige Urkunde zu überreichen. Ihr sollte klar zu entnehmen sein, dass der geleistete Einsatz ganz erheblich zum Erfolg des Unternehmens beigetragen hat.

Der folgende Vorschlag, die gute Arbeit der Belegschaft zu honorieren, ist zugegebenermaßen etwas unkonventionell. Wie ich bereits am Anfang des Buches erwähnt habe, geben viele Unternehmen Jahresziele vor, deren Erreichen zumeist utopisch ist. Das bedeutet Druck von oben. Wie wäre es, wenn sich der oberste Chef oder alle Abteilungsleiter dazu verpflichten, etwas Außergewöhnliches zu tun? Hat die Belegschaft die Ziele erreicht, gibt es beispielsweise eine sportliche Darbietung seitens der Vorgesetzten. Die Aufgabe soll eine echte Herausforderung sein. Natürlich sollte die gesamte Belegschaft dabei sein, wenn der Chef sein Versprechen einlöst. Und wenn ein kleines Firmenfest die Darbietung auch noch abrundet, steht einer guten Zusammenarbeit nichts mehr im Wege.

Insbesondere von Berufseinsteigern wird eine immer größere Flexibilität erwartet – Begriffe wie Jobhopping fassen diesen Trend sehr gut zusammen. Und immer weniger Menschen werden ihr Leben lang in ein und derselben Firma arbeiten. Aber es gibt sie noch, jene Mitarbeiter, die teilweise 30 oder 40 Jahre für ein Unternehmen tätig sind. Diese Treue wird normalerweise mit einer kleinen Feier in der Firma und mit einer Prämie und/oder einem schönen Geschenk belohnt. Wie wäre es, wenn Sie den Arbeitstag eines Jubilars darüber hinaus einmal anders beginnen lassen? Denn Treue muss belohnt werden! Rollen Sie einen roten Teppich aus, die Chefin empfängt den Jubilar mit Blumen auf dem Parkplatz oder an der Bushaltestelle und begleitet ihn an seinen Arbeitsplatz.

Viele Firmen haben eine Wall of Fame eingerichtet, an der Urkunden und Ähnliches hängen, die die herausragenden Leistungen von Beschäftigten widerspiegeln. Dabei muss es sich nicht ausschließlich um berufliche Verdienste oder den Mitarbeiter des Monats handeln. Wenn jemand besonders hilfsbereit ist, kann das genauso verkündet werden wie ein abgeschlossenes Studium, das neben dem Beruf absolviert wurde, oder eine sportliche Leistung. Eine besondere Auszeichnung ist aber ein persönliches Dankeschön vom Chef, dicht gefolgt von handgeschriebenen Zetteln, auf denen sich jemand bedankt. Eine andere Möglichkeit ist eine Anzeige etwa in der Kundenzeitschrift oder in einer Tageszeitung. Dennoch sollten Sie bitte daran denken, dass nicht jeder gerne in der Öffentlichkeit steht. Greifen Sie also als Zeichen Ihres Dankes und der Anerkennung auf eine der genannten Formen zurück.

In Spitzenzeiten kann der Stresspegel schon mal sehr hoch sein. Es bietet sich daher an, Kolleginnen und Kollegen zum Ausgleich Massagegutscheine zu schenken. So können sie sich eine Stunde verwöhnen lassen und dabei abschalten. Diese Aufmerksamkeit bringt sehr schön zum Ausdruck, dass der Vorgesetzte sich über den Stress, der auf seinen Leuten lastet, durchaus im Klaren ist.

Haben Sie schon einmal daran gedacht, Ihren Mitarbeitern an ihrem Geburtstag einen Tag frei zu geben? Sollte der Geburtstag auf ein Wochenende oder einen Feiertag fallen, bekommt derjenige einfach am nächsten Tag Urlaub. Dies ist ein besonders tolles Zeichen der Anerkennung, da niemand damit rechnet.

Sie können besonders gute Leistungen auch mit Kino-, Theater- oder Konzertkarten belohnen. Die ausgewählten Veranstaltungen sollten dem Interesse des Beschenkten entsprechen. Leider gehen viele Vorgesetzte häufig von sich aus und liegen damit allzu oft völlig daneben.

Sie sehen, Formen des Lobs, der Anerkennung und des Dankes gibt es viele. Finden Sie heraus, was zu Ihrem kollegialen Umfeld passt und nutzen Sie die Gelegenheiten, die sich Ihnen bieten!

50 Nehmen Sie die Dinge selbst in die Hand

Leiden Sie darunter, dass manche Dinge nicht so sind, wie Sie sie gerne hätten? Haben Sie aufgehört, Änderungsvorschläge zu machen, weil Sie denken, dass es ohnehin sinnlos ist? Sie sind nicht mehr zu 100 Prozent dabei? Haben Sie sich innerlich bereits verabschiedet und schauen Sie alle paar Minuten auf die Uhr, nur um anschließend frustriert festzustellen, dass die Zeit einfach nicht vergeht? Sind Sie nicht mehr motiviert?

Das sollten Sie tun:

Egal, wie Ihre Stimmung ist, nehmen Sie sich vor, in der kommenden Woche zu 100 Prozent motiviert zu sein, denn Sie haben etwas zu sagen. Ihre Stimme zählt, Ihre Meinung ist von Bedeutung, bringen Sie sich also ein! Die einzige Bedingung ist, dass Sie wirklich 100 Prozent geben müssen.

Nehmen Sie ein Blatt Papier und schreiben Sie auf: »Das würde ich tun, wenn ich wirklich etwas zu sagen hätte.« Schreiben Sie darunter alles auf, was Ihnen einfällt und was Sie machen würden, wenn Sie hier wirklich etwas zu sagen hätten. Vielleicht stellen sich im ersten Moment gar keine oder nur sehr wenige Ideen ein. Das macht nichts, nehmen Sie sich ruhig eine Woche Zeit. Acht Tage später haben Sie ganz sicher einige Punkte zusammengetragen. Anschließend gehen Sie dazu über, die einzelnen Aspekte in die Tat umzusetzen. Das gibt Ihnen neue Energie und neuen Schwung und die Arbeit macht wieder Spaß, da Sie selbstwirksam gehandelt haben und sich wieder einbringen.

Steht auf Ihrer Liste, dass Sie gerne Zimmerpflanzen im Büro hätten? Besorgen Sie sich welche! Sie hätten gerne Bilder an den Wänden? Besorgen Sie sich welche! Sie möchten mehr Kontakt mit den Kollegen? Animieren Sie sie, nach Arbeitsschluss mit Ihnen einen Kaffee zu trinken! Sie werden zu wenig gelobt? Fangen SIE damit an! Gelegenheit dazu gibt's genug! Sie nörgeln oder beklagen sich über Ihre Arbeit? Hören Sie damit auf und denken Sie positiv!

Noch ehe die Woche um ist, verspüren Sie einen neuen Spirit. Sie sind wieder motiviert, engagieren sich und die Arbeit macht Ihnen wieder Spaß! Es sind nicht immer die Dinge, die andere ändern müssen. Meist reicht es, wenn wir uns selbst, unsere Haltung und unser Verhalten neu gestalten.

51

Anderen Auftrieb geben

Ich möchte Ihnen eine kleine Geschichte erzählen:

Es war einmal ein kleiner Spatz, der hoch oben in der Luft flog und seine Kreise zog. Er zeichnete Achterschleifen und andere Figuren in den Himmel. Er flog so hoch, dass man ihn mit bloßem Auge kaum noch erkennen konnte. Dabei zwitscherte er fröhlich vor sich hin, ließ sich vom Aufwind treiben, machte ein paar Flügelschläge, um erneut eine Figur in die Luft zu zeichnen, und vergnügte sich ganz wunderbar in der warmen Frühlingssonne. Vor lauter Freude am Fliegen übersah er, dass sich ein Gewitter am Frühlingshimmel zusammenbraute.

Plötzlich ging ein gewaltiger Wolkenbruch nieder und durch den starken Wind und die Wassermenge, die vom Himmel fiel, konnte der kleine Vogel nicht mehr weiterfliegen, es war unmöglich. Er stürzte zu Boden und brach sich einen Flügel. Ein kleines Mädchen fand den verletzten, völlig durchnässten kleinen Spatz und brachte ihn zum Tierarzt. Dieser schiente vorsichtig den gebrochenen Flügel.

Eine gute Woche später entfernte der Tierarzt den Verband und das Mädchen entließ den Vogel wieder zurück in seine Freiheit, die Natur. Obwohl der gebrochene Flügel vollkommen geheilt war, machte der Spatz keinerlei Anstalten zu fliegen. Er hüpfte nur missmutig und traurig auf dem Boden herum. Selbst der schönste Sonnenschein konnte ihn nicht motivieren, seine Flügel zu spreizen und sich in die Lüfte zu erheben. Er hatte zu große Angst abzustürzen und sich erneut etwas zu brechen. Nicht einmal die roten, herrlich schmeckenden Kirschen auf dem Baum im Garten konnten ihn zum Fliegen bewegen.

Ein wunderschöner Sommertag brach an. Der Spatz hüpfte noch immer lustlos in den warmen Sonnenstrahlen umher. Plötzlich kam eine leichte Brise auf, erfasste den Vogel und trug ihn hoch hinauf in die Luft. Instinktiv spreizte der Kleine seine Flügel, und mit einem Mal flog er wieder. Von einer Sekunde zur anderen war seine Angst überwunden und wie weggeblasen. Er genoss das Fliegen, und schon zeichnete er wieder seine Figuren in die Luft und war rundum glücklich.

Ähnlich wie der kleine Spatz haben auch wir viele Aufgaben in unserem Leben zu bewältigen. Manche gehen uns leicht von der Hand, andere sind etwas schwieriger. Und dann gibt es noch die ganz großen Herausforderungen.

In vielen Fällen meistern wir die Aufgaben, die das Leben an uns stellt, ausgezeichnet. Manchmal jedoch scheitert auch ein bis dahin erfolgreicher Mensch an einer großen Herausforderung. Das ist nicht schön, lustig schon gar nicht, aber es kommt vor. Man kann nicht immer zu 100 Prozent erfolgreich sein, auch wenn wir alles, wirklich alles geben – weder im Berufsleben noch privat.

Wenn Menschen scheitern, reagieren sie auf ganz unterschiedliche Art. Die einen lassen sich nicht entmutigen und versuchen unverdrossen, ihr Ziel zu erreichen. Andere sind vollkommen demotiviert, vom Misserfolg niedergeschlagen und gezeichnet und brauchen viel Zeit, um sich zu erholen. Sie sind deprimiert und trauen sich überhaupt nichts mehr zu. Ihr Selbstwertgefühl ist wie weggeblasen. Von einem Tag zum anderen sind sie vom strahlenden Sieger zum Verlierer geworden. Und nichts kann sie bewegen, Herausforderungen in der Größe, wie sie sie zuvor schon oft bewältigt haben, mit der gleichen Begeisterung anzunehmen. Sie haben Angst, erneut zu scheitern, und gehen schwierigen Situationen von vornherein lieber aus dem Weg. Sie sind dann wie der Spatz in unserer Geschichte. Sie hüpfen am Boden herum, picken die Krümel auf und verzichten auf die herrlich schmeckenden Kirschen auf dem Baum.

Das sollten Sie tun:

Wenn es in Ihrer unmittelbaren Umgebung einen Menschen gibt, der sein Selbstwertgefühl durch unvermutete Niederlagen verloren hat, trampeln Sie nicht auf ihm herum. Machen Sie ihn auch nicht lächerlich. Er hat es ohnehin schon schwer genug.

Sagen Sie ihm, dass Sie an ihn glauben. Machen Sie deutlich, dass man aus Niederlagen, so tragisch sie auch sein mögen, immer etwas lernen kann. Erinnern Sie ihn an seine Erfolge, machen Sie ihm Mut! Geben Sie ihm Auftrieb – seien Sie der Wind, der ihm hilft, sich wieder in die Lüfte zu erheben, das Leben zu genießen und Spaß zu haben!

52

Miteinander reden

Manchmal wundert man sich, dass ein Unternehmen erfolgreich ist, obwohl die Leute an der Spitze total verfeindet sind, nicht miteinander reden, sich gegenseitig bei jeder Gelegenheit Schwierigkeiten machen und mit Begeisterung die sprichwörtlichen Knüppel zwischen die Beine werfen. Früher oder später kommt aber auch der Unternehmenserfolg langsam aber sicher unter die Räder und diese auf oberster Ebene ausgetragenen Feindschaften durchziehen das gesamte Unternehmen. Informationen werden nicht vollständig weitergegeben, wenn nicht sogar vorenthalten. Die Angehörigen der einen Abteilung dürfen mit den Kollegen der anderen oft nicht einmal mehr sprechen. Davon betroffen sind sowohl kleine Familienbetriebe als auch große Unternehmen. Gott allein weiß, wie viele verfeindete Familienmitglieder sich gegenseitig das Leben schwer machen und wie viele Vorstände einander bekriegen.

Aber wie schon gesagt, herrscht auch in den unteren Etagen Rivalität und Missgunst. Und dieser Krieg wird oft mit aller Härte geführt. Die Kollegen in der Buchhaltung sabotieren die Mitarbeiterinnen des Verkaufs, das Serviceteam opponiert gegen die Leute im Einkauf. Marketing und Vertrieb können nicht miteinander und die Bestellabteilung nicht mit der Logistik. Zu allem Überfluss befinden sich die Mitarbeiter innerhalb der Abteilungen auch noch im Kriegszustand. Ein Verkäufer gönnt dem anderen nicht den Erfolg. Ein Sachbearbeiter hat ein größeres Büro als der andere. Eine Sekretärin hat eine Hilfskraft zur Verfügung, die andere nicht. Einer hat sein Büro im siebenten Stock, der andere nur im vierten.

Das Betriebsklima ist auf dem Nullpunkt, die Krankenstände steigen. Mobbing gehört irgendwann zum Alltag, die Besten sind längst auf Jobsuche. Mitarbeiter und Kollegen intrigieren und verlangen offene Bekenntnisse für und gegen Einzelne: »Bist du für mich oder für den anderen?« Nach außen hin wird wie in einer schlechten Ehe vorgegeben, es sei alles bestens. Es liegt auf der Hand, dass unter diesen Bedingungen irgendwann das Aus für die Firma, für alle kommt.

Bei Ihnen herrschen ähnliche Zustände? Sie wollen das Kriegsbeil aber begraben? Sie möchten, dass wieder Friede herrscht, damit sich alle endlich wieder auf das einzig Wichtige konzentrieren können, nämlich die Sicherung des Unternehmenserfolgs?

Das sollten Sie tun:

Die verfeindeten Parteien begeben sich zusammen in einen Konferenzraum, falls erforderlich, sollten Sie einen Mediator hinzuziehen. Beschließen Sie gemeinsam ein für alle Mal, das Kriegsbeil zu begraben. Machen Sie sich bewusst, dass interne Konflikte und Probleme für alle katastrophale Folgen haben können. Es droht Insolvenz und der Verlust des Arbeitsplatzes, sollte die Situation nicht in den Griff zu bekommen sein.

Wer weiß, wie viel Respekt und Ansehen schon eingebüßt wurden und wie sehr die vielen Komplotte bereits geschadet haben? Sprechen Sie darüber, diskutieren Sie miteinander. Sagen Sie, was Ihnen nicht passt und warum. Sie müssen sich aber auch die

Meinung der anderen anhören und diese genauso akzeptieren, wie Sie erwarten, dass Ihre Ansicht toleriert wird. Es ist ganz normal, dass es in diesem Prozess auch sehr heiß zugeht, wundern Sie sich also nicht.

Suchen Sie gemeinsam nach Lösungen. Vielleicht müssen Sie manchmal auch einen Kompromiss eingehen. Das ist immer noch besser als eine dauernde Feindschaft, die letzten Endes auch Ihre Gesundheit und die Ihrer Kollegen aufs Spiel setzt. Werden Sie niemals beleidigend oder verletzend! Ihr einziges Ziel ist es, einander wieder zu respektieren und zu vertrauen und in Zukunft wieder gut zusammenzuarbeiten. In jedem Fall lernen Sie sich besser kennen, auch wenn Sie nicht als Freunde aus diesem Konflikt hervorgehen.

Verlassen Sie den Konferenzraum erst, wenn Sie wieder zueinander gefunden haben. Das kann schon eine Weile dauern, aber es lohnt sich. Halten Sie sich an das alte österreichische Sprichwort »Durchs Reden kommen d' Leut z'samm!«, und Sie werden mit viel mehr Freude zur Arbeit gehen!

53

Nur Sie können etwas ändern

Vor einigen Jahren lud eine Großbank ihre wichtigsten Kunden zu einem Vortrag ein. Der Redner ist international sehr bekannt und war damals erstmals in Österreich zu hören und zu sehen. Nicht einmal eine Maus hätte noch in den Saal gepasst, so groß war das Interesse an diesem außergewöhnlichen Mann. Nach einer kurzen Einführung durch den Vorstandsvorsitzenden der Bank betrat er die Bühne, schaute lächelnd ins Publikum und trat ans Mikrofon.

Er begann seine Rede mit folgenden Worten: »Meine Mutter war Büglerin, mein Vater Busfahrer und unsere Familie war bitterarm. Das Geld war immer knapp und meine Eltern konnten gerade einmal das Nötigste für die Familie kaufen. Extrawünsche konnten nicht erfüllt werden. Auf mein erklärtes Lieblingsobst, Weintrauben, musste ich leider immer verzichten. Aber nichts muss so bleiben, wie es ist, wenn es uns nicht gefällt! Als ich elf Jahre alt war, beschloss ich, ab sofort immer so viel Geld zu verdienen, dass ich nie mehr auf meine geliebten Weintrauben verzichten muss. Ab meinem elften Lebensjahr verdiente ich tatsächlich immer so viel Geld, dass ich nicht nur Weintrauben, sondern auch den Großteil meiner Kleider selbst kaufen konnte. Es muss nichts so bleiben, wie es ist, wenn wir es nicht wollen. Es sind nicht Glück, die Umstände oder die Herkunft, die unseren Lebensweg bestimmen. Wir selbst sind es, die eine Veränderung herbeiführen können. Das ist das Entscheidende!«

Bei dem Vortragenden handelte es sich um den Trendforscher und Weltbestsellerautor John Naisbitt. Ihm haben bereits 15 Universitäten weltweit die Ehrendoktorwürde verliehen, darüber hinaus war er Vize-Bildungsminister in den USA und bereist als gefragter Redner den ganzen Erdball.

»Nichts muss so bleiben wie es ist, wenn wir damit nicht einverstanden sind. Wir müssen es nur ändern!« Dieser Satz sollte Ihr Motto sein, wenn Sie unzufrieden oder unglücklich sind und diesen Zustand ändern möchten.

Das sollten Sie tun:

Fragen Sie sich, was Sie in Ihrem Leben verändern wollen. Schreiben Sie alles auf, was Ihnen einfällt. Entwickeln Sie eine Strategie, einen Plan, in dem Sie genau festhalten, was Sie wann tun müssen, um Ihrem Leben eine neue Richtung zu geben. Denken Sie immer daran: Die einzige Art, wirklich zu scheitern, ist gar nicht erst zu beginnen.

Wenn Sie Ihr Leben verändern möchten, ist jetzt der richtige Zeitpunkt, um zu starten. Und die nachfolgende Übung kann Ihnen dabei helfen.

Übung: Übernehmen Sie die Regie in Ihrem Leben!

Nehmen Sie ein Blatt Papier und machen Sie es sich ganz bequem. Und dann stellen Sie sich vor, Ihr Leben sei ein Roman. Bringen Sie all das, was Ihnen wichtig ist, klar und deutlich darin zum Ausdruck. Seien Sie sich bewusst, um was für eine Art Roman es sich handelt. Ist es eher eine Tragödie, eine Komödie oder doch ein Krimi? Nehmen Sie sich einige Minuten Zeit und denken Sie darüber nach, was in Ihrem Roman bereits passiert ist. Sie kennen den Anfang und haben bereits eine ungefähre Vorstellung des Endes, da Sie ein Ziel haben. Folglich wissen Sie, wie der Spannungsbogen verläuft. Und dann stellen Sie sich vor, Sie müssten Ihr Buch rezensieren. Wie kommen Held und Heldin dabei weg? Beschreiben Sie die Person, die im Mittelpunkt der Handlung steht – beschreiben Sie sie in allen Einzelheiten, was zu ihr gehört: Welche Einstellung hat sie? Wie verhält sie sich, was sagt sie über sich selbst und was fühlt sie? Wie schätzt sie die Welt, sich selbst ein? Beschreiben Sie diese Person in allem, was für Sie dazugehört, wie sie mit anderen und sich selbst umgeht.

Anschließend schauen Sie, was Ihnen an dieser Figur ganz besonders gefällt und was Sie an dieser Person gerne ändern möchten. Was macht Sie noch nicht ganz glücklich, was sind die kritischen Punkte?

Stellen Sie sich vor, Sie hätten die Möglichkeit, aus der Romanvorlage ein Drehbuch zu schreiben. Was wäre die Figur jetzt für ein Mensch? Wäre sie so, wie Sie schon immer sein wollten? Welche Ausrichtung hätte das Drehbuch? Wäre es die Grundlage für einen spannenden Film, der Spaß macht, der interessant ist und den Sie sich gerne ansehen würden? Statten Sie die Person so aus, dass sie für Sie interessant ist. Sie sollte dabei das Leben leben, das Sie schön und reizvoll finden, mit all dem, was dazugehört: Wie gibt sich die Figur, wie sieht sie aus, wie bewegt sie sich, was denkt und fühlt sie? Mit welchen Menschen umgibt sie sich, welche Einstellung hat sie zur Welt und sich selbst? Die Person soll so, wie Sie sie sich vorstellen, Teil eines Drehbuchs für einen spannenden Film sein.

Und jetzt stellen Sie sich vor, wie Sie diesen Film als Regisseur umsetzen würden. Was machen Sie aus dem Drehbuch? Es liegt ganz an Ihnen, was Sie daraus machen! Sie haben alle Möglichkeiten der Welt, dass der Film genauso wird, wie Sie es sich wünschen und vorstellen. Und abschließend übernehmen Sie die Rolle des Protagonisten, der Hauptfigur. Spüren Sie, wie es sich anfühlt, in diesem Film mitzuwirken? Sie kreieren Ihren eigenen Film, inszenieren Ihr eigenes Leben.

Jetzt kommen Sie langsam wieder in die Realität zurück. Haben Sie gemerkt, dass Sie sich Tag für Tag neu erfinden können? Sie können jeden Tag Ihr Drehbuch umschreiben und neu ausrichten, Ihren Film verändern und somit Ihr Leben neu erschaffen! Ist das nicht wunderbar?

54

Teamintegration fördern

In vielen Unternehmen wird zunehmend in Teams gearbeitet. Dabei sind die Reaktionen, wenn jemand neu eingestellt und einer Gruppe zugeteilt worden ist, durchaus unterschiedlich. Manche Menschen werden auf Anhieb und mit Begeisterung aufgenommen, bei anderen Teams dauert es etwas länger. Manchmal sieht es so aus, dass ein neuer Kollege niemals akzeptiert und einbezogen werden wird – weder von der Vorgesetzten, noch von den Kollegen. Dieses Phänomen tritt ebenso im Sport wie in der Wirtschaft auf, wobei mangelnde Kompetenz oder die schlechte Arbeit des neuen Kollegen nicht der springende Punkt sind. Seine Leistung wird weder bemerkt noch kommentiert. Passieren auch noch Fehler, so ist der Betroffene der überzogenen Kritik und dem Spott seiner Vorgesetzten und Kollegen hilflos ausgeliefert. Hat er Fragen, erhält er nicht die erforderliche Hilfe, er ist auf sich allein gestellt.

Selbstverständlich geht die Arbeitsfreude gegen Null und sehr schnell würde der Neue am liebsten gar nicht mehr kommen.

Die meisten der Betroffenen haben innerlich bereits gekündigt und sind auf der Suche nach einer neuen Arbeitsstelle. Fazit ist, dass Firmen dadurch wertvolle Arbeitskräfte verlieren, die nicht immer leicht zu ersetzen sind. Sie möchten nicht, dass es in Ihrer Firma aufgrund der Teamsituation eine hohe Fluktuation gibt? Möchten Sie etwas dafür tun, dass Menschen besser aufgenommen und letzten Endes in Arbeitsgruppen integriert werden?

Das sollten Sie tun:

Geben Sie den Neuen eine Chance! Zeigen Sie, dass Sie an sie glauben und dass Sie gerne mit ihnen zusammenarbeiten. Erinnern Sie sich daran, wie es war, als Sie selbst eine neue Stelle angenommen haben!

Folgender Ablauf ist sehr verbreitet: Die neue Kollegin wird in der für sie vorgesehenen Abteilung oder in der gesamten Firma herumgeführt und allen Mitarbeitern vorgestellt. Sie erfährt, wer wofür zuständig ist und wer wo sitzt. Vom Kopierer über die Kaffeemaschine bis zur Toilette wird ihr alles gezeigt. PC und Ablagesystem werden erklärt und häufig wird direkt im Anschluss daran erwartet, dass sie alles begriffen hat und sich ab sofort überall auskennt und keine Fragen mehr stellt.

Wenn es ganz schlecht läuft, reagieren die Anwesenden bereits am zweiten Arbeitstag völlig entnervt, wenn die neue Kollegin oder die neue Abteilungsleiterin nach etwas fragt, das am Tag zuvor bereits erklärt worden ist. »Das hätte sie sich doch merken können!«, wird gemeckert.

Zwei Tage später folgt wieder in den Augen der »erfahrenen« Mitarbeiter eine dumme Frage nach etwas scheinbar Selbstverständlichem. Jetzt reicht es aber! Die Reaktionen werden immer grantiger und unfreundlicher: »Das sollte sie eigentlich wissen! Sie weiß es aber nicht, also muss sie vollkommen unfähig sein.«

Leider wird allzu oft von neuen Mitarbeitern erwartet, dass sie bereits am ersten Tag alles wissen, was wir uns in den letzten Jahren nach und nach angeeignet haben. Dabei vergessen wir immer wieder, dass es uns damals, als wir selbst neu in der Firma waren, ganz ähnlich gegangen ist. Wir waren aufgeregt und wollten alles richtig machen. Und wir waren verzweifelt, wenn wir schon wieder etwas nicht wussten oder etwas falsch gemacht hatten. Zu allem Überfluss waren unsere Arbeitskollegen genauso ungehalten, wie wir es heute oft sind. Der griechische Philosoph Plato hat dies sehr schön auf den Punkt gebracht: »Man kann viel mehr über einen Menschen herausfinden, wenn man eine Stunde mit ihm spielt, als bei einer einjährigen Unterhaltung.«

Wählen Sie einen anderen Weg, wenn das nächste Mal eine neue Kollegin bei Ihnen die Arbeit aufnimmt: Starten Sie nach der Vorstellungsrunde und den üblichen Erklärungen mit einer »Schnitzeljagd«. Ziel dieser Aktion ist es, dass die neue Mitarbeiterin das Unternehmen oder die Abteilung sehr rasch kennenlernt. Gleichzeitig erfahren Sie selbst innerhalb kürzester Zeit sehr viel über den Neuzugang. Ihre Aufgabe besteht darin, dass sie von jedem Ort, den sie aufsucht, eine »Trophäe« mitbringen muss. Dies könnte eine Kaffeekapsel aus der Teeküche, ein Papierhandtuch von der Toilette, ein paar Seiten Papier aus dem Druckerraum, eine von Ihnen zuvor ausgesuchte Kleinigkeit aus dem Lager oder die Unterschrift einer Kollegin eines Büros sein, das ohne Ortskenntnis nicht ganz leicht zu finden ist.

Auf diese Weise lernt die neue Kollegin ihren neuen Arbeitsbereich einschließlich sämtlicher Beschäftigter kennen und Sie wissen, wie sie sich der Bewältigung neuer Herausforderungen stellt. Und Sie werden sehen, dass der Spaß für alle Beteiligten nicht zu kurz kommt!

Seien Sie darüber hinaus hilfsbereit. Auch Sie freuen sich, wenn Ihnen hin und wieder jemand hilfreich unter die Arme greift.

Erwarten Sie nicht, dass die Neuen vom ersten Tag an genauso viel wissen wie Sie. Sie sind vielleicht schon ein paar Jahre im Unternehmen und haben in der Zeit ausreichend Erfahrung gesammelt.

Haben Sie Geduld mit Ihrem neuen Kollegen, Ihrer neuen Kollegin und geben Sie ihnen von Beginn an das Gefühl, dazuzugehören und akzeptiert zu sein.

55 Seien Sie stolz auf das, was Sie tun

Als junger Mann arbeitete ich in einem Betrieb in einer kleinen Gemeinde auf dem Land. Zu meinen Aufgaben gehörte es, am Samstagvormittag die freie Fläche vor dem Haupteingang des Unternehmens mit einem Besen zu kehren. Unglücklicherweise grenzte der Platz unmittelbar an die vielbefahrene und -genutzte Hauptstraße.

Immer wieder gingen hübsche junge Mädchen vorbei und ich hatte das Gefühl, dass mich alle beim Kehren beobachteten und zu allem Überfluss auch noch geringschätzig lächelten. Der Zeitpunkt war denkbar schlecht, denn ich hatte gerade begonnen, an Frauen Gefallen zu finden, und wollte gut ankommen. Da stehst du nun da, eine traurige Gestalt mit einem Besen in der Hand, und hast das Gefühl, alle Welt lacht über dich. Die hübschen Mädchen schienen in unerreichbare Ferne gerückt und es gab offensichtlich keine Chance, sie zu erobern. Ich fühlte mich als der unbedeutende Junge mit dem Besen, der die Drecksarbeit machen muss. Wie soll man da nur landen und Eindruck machen?

Leider gab es für mich keine Möglichkeit, mich der Aufgabe zu entziehen. Also kehrte ich weiterhin frustriert jeden Samstag den Platz vor dem Haupteingang. Eines Tages nahm mich mein Vorgesetzter zur Seite. »Du kehrst da vorne nicht sehr gerne?«, fragte er freundlich. »Nein!«, antwortete ich. »Ist es wegen der Mädchen?« Ich nickte und sah bedrückt zu Boden. »Wegen der Mädchen«, sagte er, »brauchst du dir keine Gedanken zu machen. Wenn sie über deine Arbeit lachen, sind sie es nicht wert, dass du dich mit ihnen abgibst.«

Diese Aussage hat mein ganzes Leben geprägt. Seit diesem Gespräch bin ich immer stolz auf meine Arbeit gewesen und habe nie mehr auch nur einen Gedanken daran verschwendet, ob irgendjemand auf meine Arbeit herabsieht oder nicht.

Vor einiger Zeit lief im Fernsehen ein Bericht über Menschen, die einer Arbeit nachgehen, um die die meisten von uns einen großen Bogen machen würden. Es wurde ein älterer Mann interviewt, der in einer der größten Müllverbrennungsanlagen Österreichs arbeitet. Dort steht er seit mehr als 20 Jahren am Förderband und sortiert das aus, was nicht in den Verbrennungsofen darf. Auf die Frage des Reporters, ob ihm die Arbeit Freude mache, antwortete er: »Ich arbeite gerne hier und das schon seit vielen Jahren. Im Grunde genommen ist es eine Arbeit wie jede andere. Ich habe das Gefühl, es ist wichtig, dass sie getan wird. Warum soll ich mich dafür schämen?«

In einem weiteren Beitrag zeigte man einen jungen Mann, etwa 25 Jahre alt. Er arbeitet in einer Tierkadaververwertung. Seine Aufgabe ist es, die teilweise übel riechenden tierischen Überreste zu häuten. Stolz erzählte er, dass aus den von ihm abgezogenen Tierhäuten nach dem Gerben Sitzbezüge für noble Automarken hergestellt werden. Auch er ist mit Freude bei der Arbeit und hält nicht damit hinter dem Berg, dass er in der Kadaververwertung arbeitet. Ganz im Gegenteil: Er ist stolz darauf, einen wichtigen Beitrag im Dienste der Allgemeinheit zu leisten.

Sie selbst arbeiten im Einzelhandel und müssen mehrmals in der Woche die Schaufensterscheiben reinigen. Man sieht Ihnen deutlich an, dass Sie ungern die Fenster putzen. Oder aber Sie werden zu Botengängen oder anderen angeblich niederen Tätigkeiten angehalten, die weit unter Ihrer vermeintlichen Würde liegen und nicht Ihre Hauptaufgabe sind. »Hoffentlich sieht mich keiner«, denken Sie. Sie kommen sich degradiert vor. Und da soll die Arbeit noch Spaß machen?

Das sollten Sie tun:

Leiden Sie darunter, eine Arbeit machen zu müssen, die Sie als entwürdigend und minderwertig ansehen und die zu allem Übel auch noch Ihr Selbstwertgefühl beeinträchtigt? Dann halten Sie sich immer vor Augen: Es ist nicht die Arbeit, die unserem Selbstbewusstsein schadet, sondern die innere Einstellung, mit der wir diese Arbeit verrichten. Ändern Sie Ihre Haltung und Sie werden sich nie mehr für eine Arbeit schämen!

56 Der Erlebniswert ist kaufentscheidend

Auch in diesem Kapitel habe ich einige Anregungen für die Einzelhändler unter Ihnen, denn das Thema Einkaufen ist ein weites Feld und man kann nie genug tun, um Käufer bei der Stange zu halten und zufrieden zu stellen. Vielleicht kommt Ihnen der eine oder andere Tipp ja bekannt vor, aber ich denke, sie alle sind es wert, vorgestellt zu werden.

Haben Sie sich schon einmal die Frage gestellt, wie Sie den Besuch in Ihrem Geschäft zum Einkaufserlebnis machen können – oder überlassen Sie kreative Ideen lieber den Großen, der Konkurrenz? Kreativität ist keine Kostenfrage und gute Ideen müssen nicht teuer sein.

Das sollten sie tun:

Wenn Sie Inhaber oder Geschäftsführer eines LEBENSMITTELGESCHÄFTS sind, können Sie zum Beispiel Kochshows organisieren. Es ist nicht nötig, dass Sie dafür einen Drei-Sterne-Gourmet oder einen TV-Star engagieren. Vielleicht haben Sie eine

Kundin oder einen Kunden, der besonders gerne und gut kocht. Laden Sie sie ein und inszenieren Sie eine tolle Show. Für die Ankündigung reicht ein Aushang im Geschäft. Ein paar schöne selbst produzierte Plakate mit ansprechenden Abbildungen reichen vollkommen aus. Geben Sie Eintritts- oder Platzkarten aus. Die Kochshow sollte nicht einen ganzen Nachmittag in Anspruch nehmen, eine Stunde reicht völlig. Ihr Gastkoch sollte mit Produkten arbeiten, die Sie im Geschäft verkaufen. Nehmen Sie sich für die Produktpräsentation ein Beispiel an den einschlägigen Sendeformaten im Fernsehen.

Wenn Ihr Geschäft eine separate Weinecke oder sogar eine Weinabteilung einschließt, laden Sie doch einmal einen echten Weinkenner ein, der interessierte Kunden in die Grundkenntnisse der Sommelierkunst einführt. Viele Menschen wissen zum Beispiel nicht, welchen Wein sie zu welchem Essen servieren sollen. Der Unterschied zwischen Veltliner, Chardonnay und Riesling ist den meisten bekannt. Bei den Rotweinen ist es noch schwieriger, hier spielen nämlich auch noch die Jahrgänge eine Rolle. Dekantieren oder nicht? Wie lagert man einen Wein richtig ein? Fragen dieser Art sollten abgedeckt und anschließend eine Weinprobe angeboten werden.

Sie führen ein ELEKTROFACHGESCHÄFT? Vermutlich wissen Sie aus eigener Erfahrung, wie viele Kunden beinahe unüberwindliche Schwierigkeiten bei der Bedienung der verschiedenen Geräte haben. Hat man den DVD-Player erst einmal zu Hause, gibt man immer dem Verkäufer Schuld, wenn man die Neuanschaffung nicht zum Laufen bringt. Schlechte Übersetzungen machen zu allem Überfluss die Bedienungsanleitungen völlig wertlos. Der Ärger ist vorprogrammiert. Was hindert Sie daran, Informationsnachmittage oder Kurzseminare zu verschiedenen

Geräten zu veranstalten? Ob es sich um PCs oder Laptops, Fernsehgeräte, CD- und DVD-Player, um Handys, Bügelstationen oder Kaffeemaschinen handelt, spielt keine Rolle. Veranstalten Sie eine »So-geht's-richtig-Show« oder eine »Keine-Angst-vor-Technik-Show«. Motivieren Sie Ihre Mitarbeiter, den Part des Vortragenden zu übernehmen. Das hat den positiven Nebeneffekt, dass das Vertrauen der Kunden in die Qualifikation der Verkäufer zunimmt.

Immer mehr Menschen praktizieren Onlinebanking und kommen oft monatelang nicht in ihre BANK, um ihre Geschäfte vor Ort zu erledigen. Um Ihre Kunden wieder stärker an die örtliche Filiale zu binden, gibt es eine Reihe von Möglichkeiten. Auch Sie können wie andere Banken den Aufenthalt für den Kunden in der Niederlassung so angenehm und kurzweilig wie möglich gestalten. Spielecken für Kinder, ansprechende Farben, Bilder oder Blumenschmuck sind nur einige Beispiele dafür. Sie könnten in Ihrer Bank aber auch Überblicksseminare zu verschiedenen Finanzthemen veranstalten. Wichtig ist dabei, dass die Referenten sich auch für Laien verständlich ausdrücken. Was spricht außerdem dagegen, einmal eine Buchpräsentation mit anschließender Lesung oder ein Konzert zu organisieren? Sehr erfolgreich sind auch Abendveranstaltungen, die einen Fachvortrag mit z. B. Kabaretteinlagen verbinden. Sie können aber auch eine Anlegerreise zu interessanten Finanzplätzen organisieren.

GALERIEN können ebenfalls Vortragsreihen und Seminare zu bestimmten Themen im Bereich Kunst anbieten. Viele Menschen sind Hobbymaler und interessieren sich für Epochen, Maler und Bildhauer sowie unterschiedliche Techniken. Vielleicht gelingt es Ihnen ja, einen renommierten Künstler für einen Workshop zu verpflichten, der Anfängern wertvolle Tipps gibt.

BEERDIGUNGSINSTITUTE sind keine Orte, wo Spaß und Freude im Vordergrund stehen. Man trauert um einen lieben Angehörigen, da gibt es nichts zu lachen. Was hindert Sie aber daran, der trauernden Familie vorzuschlagen, sich gemeinsam um den Sarg zu versammeln und sich an all die schönen und heiteren Momente zu erinnern, die man mit dem Verstorbenen erleben durfte? Sie meinen, das ist unmöglich? Sie werden sich wundern!

Viele Patienten trifft das traurige Los, im Wartezimmer einer ARZTPRAXIS aufgrund des hohen Andrangs endlose Stunden zu verbringen. Irgendwann kennen sie sämtliche Magazine, die dort ausliegen. Wenn Sie ein Fernsehgerät aufstellen, wird die Wartezeit wesentlich kurzweiliger. Und im Hochsommer sind die Leute dankbar, wenn man ihnen ein Glas kühles Wasser anbietet. Stellen Sie also einen Wasserspender auf, der kostet nicht viel und Ihre Patienten sind Ihnen dankbar.

Schminktipps und Typberatungen durch Visagisten werden in der PARFÜMERIE gerne angenommen. Trendfarben und neue Düfte sind immer interessant. Erweitern Sie Ihr Angebot durch spezielle Anwendungen entsprechend der Jahreszeit oder wenn es eine neue Pflegelinie gibt. Eine festangestellte Kosmetikerin, ein Masseur und eine Fußpflegerin ergänzen es perfekt.

Sie arbeiten in einem BLUMENLADEN? Zeigen Sie Ihren Kunden, wie man attraktive Tischdekorationen zu den verschiedensten Anlässen herstellt. Bieten Sie einen Blumenbinde- bzw. Steckkurs an. Dabei können Sie viel Wissenswertes über Pflanzen einfließen lassen.

Das Auto ist immer noch das Lieblingsspielzeug, die heilige Kuh – und das nicht nur für Männer. Allein wenn man sich in sein

Traumauto nur einmal hineinsetzen darf, vermittelt das ein gutes Gefühl, von der Probefahrt einmal ganz abgesehen. Haben Sie schon einmal daran gedacht, einer Kundin bei der Übergabe des Wagens ein kleines Geschenk zu machen? Legen Sie einen Blumenstrauß in den Kofferraum. Nach der Probefahrt, spätestens jedoch beim Kauf erfahren die Abnehmer normalerweise die Einzelheiten zu den verschiedenen Funktionen. Öffnen Sie während des Gesprächs den Kofferraum und überreichen Sie Ihrer (überraschten) Kundin oder der Frau des Käufers mit einem strahlenden Lächeln den Blumenstrauß. Einem männlichen Kunden können Sie z. B. mit einem Benzingutschein oder einem Satz Pflegemittel eine große Freude machen.

In der MODEBRANCHE gibt es ebenfalls zahlreiche Möglichkeiten, den Einkauf zum Erlebnis zu machen. Modenschauen, Typberatungen oder eine Exklusivpräsentation der kommenden Trends sind sehr angesagt. Kaffee, Tee, Sekt oder Champagner dürfen dabei natürlich nicht fehlen. Trips zu den großen Schauen in den etablierten Modemetropolen sind das Tüpfelchen auf dem i.

Veranstalten Sie im SPORTARTIKELGESCHÄFT Wettkämpfe wie etwa Basketball, Golf (Putting-Wettbewerb), Boccia oder Fußball (Elfmeterschießen auf ein kleines Tor oder Torwandschießen). Vielleicht haben Sie ja eine Kletterwand in Ihrem Laden, sodass ein Bergsteiger eine erste Einführung ins Sportklettern geben kann?

Sie können Ihren Kunden in jeder Branche ein unvergessliches Einkaufserlebnis ermöglichen. Unabhängig davon, was Sie verkaufen, spielen Farben, Düfte, die Beleuchtung und Musik eine wesentliche Rolle und haben eine stimulierende Wirkung auf potenzielle Käufer.

Unterschätzen Sie auch nicht den Einfluss von Kindern! Sie sind in vielerlei Hinsicht die Meinungsbildner ihrer Eltern. Wenn Sie Kindern gegenüber nett und aufgeschlossen sind und sie zu gegebenem Anlass mit kleinen Geschenken überraschen, werden die Eltern sehr rasch zu Ihren Stammkunden. So beweisen Sie nämlich Kinderfreundlichkeit!

Mittlerweile ist es Usus, dass Eltern für ihre Kinder Farbstifte und Papier oder ein Spielzeug mitnehmen, wenn sie auswärts essen. Dies ist ein Segen für alle Beteiligten, denn die Kleinen sind beschäftigt. Halten Sie in Ihrem Restaurant also etwas in der Art bereit, sollten die Eltern die notwendigen Utensilien zu Hause vergessen haben.

Hundebesitzer freuen sich außerdem über einen Napf Wasser für ihren vierbeinigen Liebling – nicht nur im Sommer.

Sie sehen, die Möglichkeiten sind unendlich. Nutzen Sie sie!

57 Feiern Sie Ihre Mitarbeiter

Wann haben Sie Ihre Mitarbeiter das letzte Mal gefeiert und hochleben lassen? Es geht mir hier nicht um die großen, sondern um die kleinen, alltäglichen, scheinbar selbstverständlichen Erfolge. Unternehmer und Führungskräfte erwarten von ihren Mitarbeitern, dass sie erfolgreich sind – immer. In jeder Branche, jedem Beruf, unabhängig von Funktion und Position. Erfolg bestimmt unser Leben. Es werden aber, wenn überhaupt, nur die großen Erfolge bemerkt. Dabei verbuchen wir im Laufe eines Tages, einer Woche oder eines Monats oft unzählige kleine Erfolge, die von niemandem registriert, geschweige denn honoriert werden.

Das sollten Sie tun:

Gewöhnen Sie sich an, die vielen kleinen Erfolge Ihrer Leute gebührend zu feiern, entsprechend dem Motto »Wer den Cent nicht ehrt, ist des Euros nicht wert!« Das motiviert! Ihre Leute schöpfen ungeahnte Energien daraus und laufen zur Höchstform auf!

58 Haben Sie ein Auge auf Talente

Das Erkennen von Begabungen ist eine wichtige Grundvoraussetzung für Spitzenleistungen. Es liegt auf der Hand, dass sich Leistungssportler für jene Sportart entscheiden, für die sie ein besonderes Talent haben. Wird jemand wider seine besonderen Fähigkeiten in einem Spiel, an einem Gerät oder in einer Disziplin eingesetzt, ist es ausgeschlossen, dass dieser Sportler erfolgreich ist.

Und wie ist das in der Wirtschaft? Viele Unternehmen ignorieren die Begabungen ihrer Mitarbeiter und verzichten so darauf, deren Talente und herausragenden Kompetenzen zu nutzen. Man kann also davon ausgehen, dass die meisten Menschen in einem Job arbeiten, der weder ihrer Begabung noch ihrer Berufung entspricht. Wenn neben dem Erfolg eines Unternehmens die Lebensfreude und damit die Lebensqualität der Beschäftigten sinken, wenn Talente ignoriert und Begabungen nicht wahrgenommen werden, bleibt der Weg zu Spitzenleistungen für alle vollends verwehrt.

Das sollten Sie tun:

Wenn Sie im Moment nicht die Möglichkeit haben, Ihre eigentlichen Fähigkeiten und Begabungen einzusetzen, suchen Sie das Gespräch mit Ihren Vorgesetzten. Selbst wenn sich vorerst nichts ändert, so haben Sie zumindest darüber gesprochen und Ihr Vorgesetzter weiß jetzt um Ihre wahre Begabung.

Für Vorgesetzte:

Sprechen Sie mit Ihren Mitarbeitern. Nutzen Sie das Jahresgespräch oder einen ruhigen Moment, um sich mit jedem einzelnen Beschäftigten auseinanderzusetzen. Es wäre unverzeihlich, wenn Sie aus diesem Grund auf Spitzenleistungen verzichten, nur weil Sie die besonderen Fähigkeiten Ihrer Leute nicht kennen und folglich Ihre Mitarbeiter nicht optimal einsetzen!

59 Wie Humor motiviert und den Teamgeist stärkt

Freude, Spaß und Humor sind so etwas wie der soziale Superkleber. Sie fördern Teamarbeit, schaffen gegenseitiges Vertrauen, stellen Beziehungen her und helfen Stress abzubauen. Sie sind somit unerlässlich, wenn man mit einem Unternehmen hoch hinaus und etwas wirklich Großes schaffen möchte.

Die nachfolgende Anekdote stammt von Rob Filipczak, Herausgeber des amerikanischen Training Magazine, und bringt die Bedeutung von Freude und Spaß bei der Arbeit auf den Punkt. Es ist die Geschichte des Sachbearbeiters Bill, der bewies, wie einfach es ist, Arbeit und Spaß miteinander zu verbinden. Bill schlug vor, am ersten warmen Frühlingstag hinauszugehen und einen Papierflugzeugwettbewerb zu veranstalten. Sein Chef sah überhaupt keinen Sinn darin und lehnte die Idee als völlig verrückt ab.

Bill besprach die Angelegenheit mit seinen Kollegen und machte seinem Chef einen neuen Vorschlag: Wenn es dem Team gelingt, bis Freitag 15 Uhr 150 Prozent des Tagespensums zu erledigen, darf der Papierflugzeugwettbewerb ausgetragen werden, allerdings zeitlich auf die Dauer von einer Stunde begrenzt. Selbstverständlich erreichte das Team die angestrebten 150 Prozent des Tagesgeschäfts und der Chef ließ sie gehen. Nachdem seine Mitarbeiter wieder zurück waren, sagte der Vorgesetzte: »Denkt nur, wie viel Ihr in dieser freien Stunde hättet erledigen können, wenn Ihr nur nicht diesen dummen Wettbewerb veranstaltet hättet!«

Einige Wochen später schlugen die Mitarbeiter denselben Deal vor. Dieses Mal wünschten Sie sich zur Belohnung ein Eis, wenn es ihnen erneut gelänge, 150 Prozent des Pensums bis zu einer vereinbarten Uhrzeit zu erledigen. Jetzt endlich verstand ihr Vorgesetzter, worum es den Angestellten ging und was sie längst wussten: Spaß und Produktivität gehen Hand in Hand.

Das sollten Sie tun:

- Spielen Sie! Legen Sie einmal pro Woche eine gemeinsame Pause ein. Zerstreuung, Aktivität und Spaß verbessern die Arbeitsatmosphäre und das Klima insgesamt. Solche Auszeiten tragen zur Verbesserung der Kommunikation bei, wobei Sie nicht unbedingt Witze erzählen müssen. Sie können beispielsweise die Buchstaben der Mitarbeiternamen durcheinanderwürfeln und damit neue Begriffe bilden. Das dauert nur ein paar Minuten, ist kurzweilig und fördert die Kreativität.
- Sie wollen den Teamgeist fördern? Haben Sie sieben Minuten Zeit? Dann stellen Sie Ihrem Team (maximal acht Personen pro Team) folgende Aufgabe: Händigen Sie dem Team zwölf Strohhalme, vier Klebestreifen von je ca. zehn Zentimeter Länge und ein rohes Ei aus. Die Aufgabe besteht darin, das Ei mit Hilfe der übrigen Utensilien in sieben Minuten bruchfest zu machen, dass es einen Sturz aus drei Metern Höhe übersteht. Hier ist Teamarbeit gefragt und das Zeitlimit stellt eine echte Herausforderung dar.
- Legen Sie einen Ordner als »Erste-Hilfe-Koffer« an. Darin heften Sie alles Lustige ab, das Ihnen im Laufe der Zeit unterkommt. Blättern Sie darin, wenn es einmal besonders dick kommt. Worüber Sie früher einmal gelacht oder geschmunzelt haben, darüber können Sie auch heute lachen.

- Wenn Sie im Krankenhaus arbeiten, legen Sie in den Krankenzimmern Puzzles, Spiele und lustige Bücher auf. Damit entlasten Sie nicht nur das Pflegepersonal, sondern tragen auch zur Erheiterung und damit zur Genesung der Patienten bei.

Neun Schritte, die die Arbeitswelt verändern können

60

Trotz aller Katastrophen, Krisen und einem immer wahrscheinlicher werdenden Klimawandel: Wir leben in einer Welt, in der es manchmal munter zugeht! Und jeder kann mitmachen. Man braucht kein spezielles Training. Der Nutzen, den Sie daraus ziehen, ist unendlich groß und kostet keinen Cent.

Das sollten Sie tun:

Schritt eins: Beginnen Sie bei sich selbst!
Nehmen Sie sich vor, ab sofort wieder häufiger zu lächeln. Lachen Sie ruhig auch einmal herzlich. Entdecken Sie das Humorpotenzial, das in Ihnen steckt. Manchmal müssen Sie vielleicht eine Weile danach suchen, aber ganz tief in Ihrem Inneren werden Sie schließlich fündig werden. Gestalten Sie Ihre Arbeitsumgebung lebendiger. Bummeln Sie durch anspruchsvolle Spielzeug- und Trödelläden und schauen Sie sich um, ob Sie etwas finden, das auf Ihren Schreibtisch, ins Regal oder an die Wand passt.

Schritt zwei: Interessieren Sie sich mehr für Ihre Mitmenschen!
Machen Sie es sich zur Gewohnheit, die Menschen, mit denen Sie sich umgeben, bewusst wahrzunehmen. Interessieren Sie sich für sie. Was bewegt sie, was sind ihre Sorgen und Probleme? Was macht ihnen Freude? Es sind schließlich Ihre Mitarbeiter und Kollegen, mit denen Sie den größten Teil des Tages verbringen, von daher sollten Sie sie kennen.

Schritt drei: Tragen Sie Ihre Kunden auf Händen!
Zeigen Sie Ihren Kunden (und solchen, die es noch werden sollen), dass Sie bereit sind, alles für sie zu tun. Freuen Sie sich über jeden Anruf oder Besuch, denn der Kunde könnte vieles auch übers Internet kaufen. Bei Ihnen bekommt er aber das, was wichtig ist: Aufmerksamkeit, Service und ein perfektes Einkaufserlebnis.

Schritt vier: Entwickeln Sie eine Vision!
Wohin wollen Sie? Was wollen Sie erreichen? Kommunizieren Sie Ihre Vision Ihren Mitarbeitern. Sie müssen wissen, wohin der Weg führt. Leben Sie Ihre Vision. Unterschätzen Sie nicht die Vorbildfunktion, die Sie haben.

Schritt fünf: Inspirieren Sie Ihre Kollegen!
Sie sind das Vorbild! Ermutigen Sie andere zu amüsanten Aktivitäten. Unterstützen Sie deren Bemühungen. Verschenken Sie Kleinigkeiten, die Spaß und Spontaneität wecken und fördern, und bringen Sie so die Leute auf den Geschmack, selbst für Auflockerungen zu sorgen.

Schritt sechs: Schmieden Sie ein Powerteam!
Ein Team ist keine willkürlich zusammengewürfelte Gruppe von Einzelkämpfern. Es ist ein Kreis von Menschen, dem es Spaß

macht, miteinander zu arbeiten und füreinander da zu sein. Je mehr Sie einander helfen und sich umeinander kümmern, desto eher werden Sie als Team zusammenwachsen.

Schritt sieben: Feiern Sie!

Millionen hetzen von Erfolg zu Erfolg, von Termin zu Termin und nehmen sich keine Zeit, Erfolge zu feiern. Zelebrieren Sie Ihren Erfolg – auch wenn er noch so klein ist. Nehmen Sie sich auch Zeit, die Bemühungen anderer anzuerkennen und zu feiern. Damit fördern Sie das positive Arbeitsklima.

Schritt acht: Lachen Sie über sich selbst!

Nehmen Sie sich selbst nicht immer so ernst und betrachten sich selbst auch mal von der humorvollen Seite. Über sich selbst lachen wirkt nämlich Wunder. Außerdem macht es Sie für andere Menschen attraktiver. Machen Sie es sich zur Gewohnheit, jeder Situation Humor abzugewinnen, und seien Sie immer bereit zu lachen.

Schritt neun: Erwerben Sie sich den Ruf, humorvoll zu sein!

Eines der größten Komplimente, die wir bekommen können, ist, ein humorvoller Mensch zu sein. Machen Sie es sich zur Gewohnheit, sich über alles zu freuen, was Sie tun. Lassen Sie Witz und Humor zu, sie werden Ihr Leben erhellen und bereichern!